大数据导论

于俊伟 母亚双 闫秋玲 ◎ 编著

北京大学出版社

PEKING UNIVERSITY PRESS

内 容 提 要

　　本书围绕新工科背景下大数据人才培养需求编写,既涵盖了大数据的基础知识,又介绍了大数据分析的相关工具与案例。全书共9章,系统介绍了大数据采集与预处理、大数据存储与管理、大数据处理与分析、大数据可视化处理流程;重点分析了科大讯飞大数据平台在政务、交通、金融和用户画像等实际场景中的应用,还介绍了大数据实验环境的详细搭建步骤,方便读者快速理解和体验大数据应用技术;最后介绍了大数据治理中法律政策、行业标准建设的最新进展,分析了大数据可能带来的伦理风险和应对策略。

　　本书将大数据基础理论与实际案例结合,辅以编程实践和有针对性的课后习题,可作为高等院校数据科学与大数据技术专业的导论课教材,也可作为大数据相关从业人员的技术参考书。

图书在版编目(CIP)数据

大数据导论 / 于俊伟 等 编著. — 北京 : 北京大学出版社,2022.10
ISBN 978-7-301-33334-1

Ⅰ. ①大… Ⅱ. ①于… Ⅲ. ①数据处理 Ⅳ. ①TP274

中国版本图书馆CIP数据核字(2022)第166954号

书　　　　名	大数据导论
	DA SHUJU DAOLUN
著作责任者	于俊伟　等编著
责 任 编 辑	王继伟　杨　爽
标 准 书 号	ISBN 978-7-301-33334-1
出 版 发 行	北京大学出版社
地　　　　址	北京市海淀区成府路205 号　100871
网　　　　址	http://www.pup.cn　　新浪微博:@北京大学出版社
电 子 信 箱	pup7@pup.cn
电　　　　话	邮购部 010-62752015　发行部 010-62750672　编辑部 010-62570390
印 刷 者	大厂回族自治县彩虹印刷有限公司
经 销 者	新华书店
	787毫米×1092毫米　16开本　16 印张　396 千字
	2022年10月第1版　2022年10月第1次印刷
印　　　　数	1-4000册
定　　　　价	69.00元

前　言

　　随着数字经济的加速推进和人工智能、5G、物联网等技术的快速发展，我们已经进入了信息化发展的新阶段——大数据时代。经过将近十年的发展，大数据蕴含巨大商业价值的理念已深入人心，数据作为生产要素的战略地位进一步明确，大数据技术的创新发展与产业应用得到各国政府的关注。我国也在推动大数据技术产业创新发展、构建以数据为关键要素的数字经济、运用大数据技术提升国家治理水平、切实保障民生和数据安全等方面进行了战略部署。

　　随着大数据技术的快速发展和众多行业应用的逐步落地，一方面大数据领域的人才需求巨大；另一方面在国家大力倡导新工科教育的背景下，我国已有 600 余所高校开设了数据科学与大数据技术本科专业，其中很多是近两年新开设的专业，因此如何进行大数据专业建设与人才培养成为当前业内比较关注的问题。例如，编者所在的郑州市近几年就积极探索大数据人才培养的新模式，通过特色现代产业学院和大数据人才培养"码农计划"等产教融合模式，推动学校与企业深入展开校企合作，引导企业特色实践教学在学校落地，提升郑州市大数据相关专业人才培养质量。

　　根据大数据学科的发展趋势和人才培养要求，河南工业大学教师和科大讯飞股份有限公司科研人员共同编写了本书，选编内容贴合本专业新生学习需求，知识和能力培养符合相关要求。本书除了介绍大数据原理和技术等基础知识外，还注重结合企业案例讲解如何利用开发平台进行大数据收集、处理，使初学者能够以无代码或少代码的方式快速了解大数据相关技术。

　　本书系统介绍了大数据的基本概念、处理流程、行业应用、实验平台和治理体系，引导读者了解大数据概念，培养大数据思维，掌握大数据相关工具和技术，以解决实际问题，积极应对大数据时代的变革和挑战。

　　本书的编写得到了河南工业大学人工智能与大数据学院和科大讯飞股份有限公司的大力支持和帮助，特别感谢人工智能与大数据学院侯惠芳教授和科大讯飞人工智能学院陈新生院长的策划和组织，感谢北京大学出版社编辑为本书提出的宝贵建议。

本书第 1 章、第 2 章、第 9 章由河南工业大学于俊伟博士编写，第 3 章和第 4 章由河南工业大学闫秋玲博士编写，第 5 章和第 8 章由河南工业大学母亚双博士编写，第 6 章由科大讯飞股份有限公司高级软件工程师王毅编写，第 7 章由科大讯飞股份有限公司高级软件工程师年夫坤编写。本书得到了 2021 年郑州市数字人才专业教材项目、国家自然科学基金青年基金项目 62006071、2021 年度河南省重点研发与推广专项（212102210149、212102210152）、2021 年河南工业大学青年骨干教师资助计划的资助。

由于编者水平有限，书中疏漏和不妥之处在所难免，敬请广大专家和读者批评指正。

本书附赠 PPT 课件和习题答案，请扫描本书封底"资源下载"二维码，输入本书 77 页资源提取码获取。

目 录

segment...

第1章

CHAPTER 1

大数据概述

　　大数据开启了一个崭新的时代，带来了信息技术的巨大进步，给人们的生产生活方式带来了深刻变革。数据作为一种新型生产要素，受到了企业和政府的高度重视。随着大数据时代的到来，大数据技术从海量数据的存储、处理和分析等基础领域逐渐向大数据管理、流通、安全等领域延展，形成了一套完整的大数据技术体系。本章主要介绍大数据的产生背景和发展历程，重点介绍大数据的基本概念和基本特征，以及大数据对人们思维方式的影响；简单介绍大数据技术的应用层次和典型应用领域，以及大数据处理的基本流程、行业应用、相关技术平台和开发工具。

1.1 大数据的产生及其特征

1.1.1 大数据的产生

人类进入文明社会以来,从远古时代的结绳记事、象形文字,到近现代的数据仓库、数据建模,数据见证了人类社会的发展变迁。

数据是对客观事物的性质、状态及相互关系等内容的记录,从计算机科学的角度来说,数据是所有能输入计算机并被计算机程序处理的符号的统称,是具有一定意义的数字、字母、符号和模拟量的统称。随着计算机技术的发展,计算机能够存储和处理的数据越来越复杂。按照数据是否具有较强的结构模式,可将数据划分为结构化数据、半结构化数据和非结构化数据,其中,我们生活中遇到的计算机系统日志、文档、图像、音频、视频等数据大多是非结构化数据。

随着计算机、移动互联网、物联网和人工智能等技术的快速发展,数据的获取、存储、处理、显示和传播等越来越快捷,数据规模也呈爆炸式增长。根据权威数据统计机构 Statista 的统计和预测,2035 年全球数据产生量将达到 2142ZB(1ZB=10^{12}GB)。在当前"人 - 机 - 物"三元融合发展的背景下,连接物理世界、信息空间和人类社会的大规模数据蕴含着巨大的价值,已经成为一种新型的战略资源,受到学术界、产业界和政府部门的高度关注。

"大数据"这一概念最早出现于 1998 年,美国生产高性能计算机的公司 SGI 的首席科学家约翰·马西在一个国际会议报告中指出,随着数据量的快速增长,必将出现数据难理解、难获取、难处理和难组织等难题,并用"Big Data"来描述这一难题。2007 年,数据库领域的先驱人物吉姆·格雷指出大数据将成为人类理解现实复杂系统的有效途径,并认为在实验观测、理论推导和计算仿真三种科学研究范式后,将迎来第四范式——"数据探索",后来同行学者将其总结为"数据密集型科学发现",开启了从科研视角审视大数据的热潮。2011 年,麦肯锡全球研究院发布《大数据:下一个创新、竞争和生产力的前沿》,正式宣告大数据时代的到来。

2014 年之后大数据概念逐渐成形,大数据相关技术、产品、应用和标准不断发展,逐渐形成了由数据资源与应用程序接口、开源平台与工具、数据基础设施、数据分析、数据应用等模块构成的大数据生态系统,并持续发展和完善,其发展热点呈现了从技术向应用再向治理逐渐迁移的过程。

1.1.2 大数据的特征

大数据本身是一个抽象的概念,虽然在社会上引起了人们的广泛关注,但是至今未有公认的学术定义。我们综合维基百科、美国国家标准与技术研究院和麦肯锡全球研究院等权威机构的描述，认为大数据是指规模庞大、结构复杂，无法在可容忍的时间内用常规软件工具对其进行获取、存储、管理和处理的数据集合。

目前通常认为大数据具有 4V 特征，即规模庞大 Volume、类型繁多 Variety、速度快 Velocity 和价值密度低 Value，如图 1-1 所示。

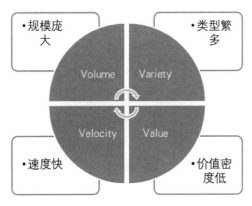

图1-1   大数据的4V特征

（1）规模庞大：大数据数据集对于现有的计算和存储能力来说规模过于庞大，需要可伸缩的计算结构支持其存储、处理和分析。随着网络和信息技术的不断发展，人们可以通过社交媒体、智能设备、商务交易、工业装备等搜集数据。根据国际数据公司 IDC 的估计，近年来数据一直在以每年 50% 的速度增长，这称为"大数据摩尔定律"。随着数据规模的增加，数据存储的单位也由 TB 增加到 PB，近几年甚至使用 EB 和 ZB 来计算（以上相邻单位的进率均为 2^{10}）。图 1-2 显示了 2021 年互联网每分钟产生的各类数据量，可以看出，YouTube 每分钟上传 500 小时的视频内容，Instagram 每分钟分享 69.5 万个故事，WhatsApp 和 Facebook Messenger 每分钟发送近 7000 万条消息。在过去，如何存储如此庞大的数据是一个难题，现在有了数据湖和 Hadoop 平台等存储方案，大大减轻了数据的存储负担。

（2）类型繁多：大数据面对各种各样的应用场景，所产生的数据类型和数据结构多种多样。数据类型多样往往导致数据的异构性，进而加大数据处理的复杂性，对数据处理能力提出了更高的要求。随着传感器、智能设备及社交协作技术的飞速发展，组织中的数据也变得更加复杂，因为它不仅包含传统的关系型数据，还包含来自网页、互联网日志文件、搜索索引、社交媒体、电子邮件、文档、主动和被动系统的传感器等原始、半结构化和非结构化数据。

例如，滴滴出行大数据平台就需要获取交通路况、天气信息、用户订单、司机驾驶行为、车辆状态数据、区域定义、拥堵情况等多个维度的信息。据 2019 年城市交通出行报告显示，滴滴出行平台每日新增轨迹数据超过 108TB，每日处理数据 4875TB，每日会有超过 400 亿次的路径规划请求和 150 亿次日均定位。这些数据类型各异、快慢不一、规模巨大，因此需要大数据处理技术进行供需预测、路径预测、智能派单等分析处理。

高德地图今日联合国家信息中心大数据发展部、清华大学交通研究所等多家权威机构共同发布《2021 年度中国主要城市交通分析报告》，通过分析人和车的位置、速度、数量、轨迹等信息，建立路网高峰行程延时指数、路网高峰拥堵路段里程比、高峰平均速度等交通健康指数，对城市地面道路交通健康水平进行综合评价诊断。

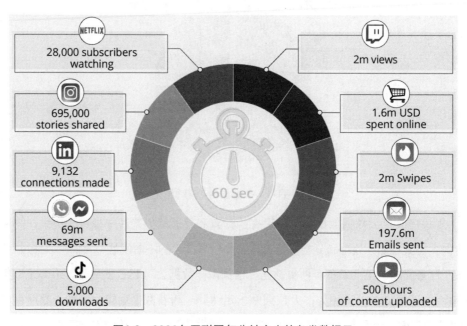

图1-2　2020年互联网每分钟产生的各类数据量

（3）速度快：随着物联网等技术的发展，大数据以前所未有的速度流向企业和应用，这推动着大数据技术必须以接近实时的速度来处理和分析数据。这里需要将数据产生和变化的速度与商业业务流程和决策过程的实时性相结合，从而从数据中快速抽取出真正有价值的信息，数据处理的模式也从批处理转向流处理。业界对大数据的处理速度有一个著名的"1 秒定律"，即要在秒级时间内给出分析结果，超出该时间数据就会失去价值。例如，IBM（万国商业机器公司）有一则广告，讲的是"1 秒钟能做什么？"，1 秒钟能检测出中国台湾的铁道故障并发布预警；也能发现得克萨斯州的电力中断，避免电网瘫痪；还能帮助一家全球性金融公司锁定行业欺诈，保障客户利益。

（4）价值密度低：数据价值体现在统计特征、事件检测、关联和假设检验等各个方面。调查研究表明，大数据收集了很多原来很难收集、很难使用和看似无用所以经常被丢弃的数据，导致有价值的数据被淹没在无用的数据中，因此有"价值密度低"这一说法。但许多应用表明大数据中蕴含着巨大的商业价值，专家将大数据视为像石油一样的重要战略资源。因此，从价值角度来说，如何快速定位有价值的数据、合理度量数据集的价值密度，是大数据处理要面对的核心问题之一。

1.2 大数据发展

1.2.1 大数据发展历程

大数据是信息技术发展的必然产物，更是信息化进程的新阶段，其发展推动了数字经济的形成与繁荣。信息化已经经历了两次高速发展的浪潮，第一个是以个人计算机普及和应用为主要特征的数字化时代；第二个是以互联网大规模商业应用为主要特征的网络化时代。当前，我们正在进入以数据的深度挖掘和融合应用为主要特征的大数据时代。大数据时代的到来标志着数据正以生产资料要素的形式参与到生产之中，它取之不尽用之不竭，并可以创造出难以估量的价值。

回顾大数据的发展历程，总体上可以将大数据划分为萌芽期、成长期、爆发期和大规模应用期四个阶段。

萌芽期："大数据"术语被提出，相关技术概念得到一定程度的传播，但没有得到实质性发展。同一时期，随着数据挖掘理论和数据库技术的逐步成熟，一批商业智能工具和知识管理技术开始被应用，如数据仓库、专家系统、知识管理系统等。未来学家阿尔文·托夫勒在其所著的《第三次浪潮》一书中提出"大数据"一词，将大数据称赞为"第三次浪潮的华彩乐章"。2002 年，受 911 事件影响，美国政府为阻止恐怖主义，开始尝试进行大规模数据挖掘。2007 年，随着社交网络的活跃，技术博客和专业人士为大数据概念注入了新的生机。2008 年 9 月，《自然》杂志推出了"大数据"封面专栏。

成长期：大数据市场迅速成长，互联网数据呈爆发式增长，大数据技术逐渐被大众熟悉。2010 年 2 月，肯尼斯·库克尔在《经济学人》上发表了长达 14 页的大数据专题报告《数据，无所不在的数据》。2011 年 5 月，麦肯锡全球研究院发布研究报告《大数据：创新、竞争和生产力的下一个前沿》，指出大数据时代已经到来。2012 年，牛津大学教授维克托·迈尔·舍恩伯格的著作《大数据时代》在国内风靡，推动了大数据在国内的发展。

爆发期：大数据发展的高潮，包括我国在内的世界各国纷纷布局大数据战略。2013 年，以百度、阿里巴巴、腾讯为代表的国内互联网公司各显身手，纷纷推出创新型的大数据应用。2015 年 4 月，中国首个大数据交易所——贵阳大数据交易所正式挂牌运营，同年，国务院发布《促进大数据发展行动纲要》，全面推进我国大数据发展和应用。

大规模应用期：大数据应用渗透到各行各业，大数据价值不断凸显，数据驱动决策和社会智能化程度大幅提高，大数据产业快速发展。2016 年 2 月，中华人民共和国国家发展和改革委员会、中华人民共和国工业和信息化部、中共中央网络安全和信息化委员办公室同意贵州省建设国家大数据（贵州）综合试验区，这是首个国家级大数据综合试验区。2019 年 5 月，《2018 年全球大数据发展分析报告》显示，中国大数据产业发展和技术创新能力有了显著提升。这一时期学术界在大数据技术与应用方面的研究也不断取得突破，截至 2020 年，全球以"Big Data"为关键词的论文发表量达到 64739 篇，全球共申请大数据领域的相关专利 136694 项。

1.2.2 国外大数据战略

由于大数据为人类认识和改造世界提供了全新的思维方式和技术手段，大数据在国家科技进步、经济发展和社会治理等方面的重要性得到了各界的广泛认同。为了积极应对大数据发展所带来的挑战，世界各国相继出台了大数据相关战略和政策，加快探索大数据未来发展之路。2012 年以来主要国家和地区的大数据发展战略如表 1-1 所示。

表1-1　主要国家和地区的大数据发展战略

国家	发布时间	政策内容
美国	2012年	《大数据研究和发展计划》，投入2亿美元进行大数据相关技术研发
	2016年	《联邦大数据研发战略计划》，确保美国在关键领域的领导作用
	2019年	《联邦数据战略与2020年行动计划》，将数据作为战略资源开发
欧盟	2014年	《数据价值链战略计划》，建立以数据为核心的连贯性欧盟生态体系
	2020年	《欧盟数据战略》，发展敏捷型经济体
英国	2013年	《英国数据能力发展战略规划》，系统研究数据能力的定义和提高举措
	2020年	《国家数据战略》，设定五项数据使用的优先任务，助力经济复苏
俄罗斯	2017年	《俄罗斯联邦数字经济规划》，利用现代数字技术，保证国家信息安全
日本	2017年	《数据与竞争政策调研报告书》，运用竞争法对"数据垄断"行为进行控制

1.2.3 中国大数据战略与政策

我国高度重视并不断完善大数据政策支撑，大数据产业加速发展，大致经历了以下四个阶段，正逐步从数据大国向数据强国迈进。

预热阶段：2014 年，"大数据"首次写入政府工作报告，逐渐成为社会各界关注的热点。

起步阶段：2015 年，国务院发布《促进大数据发展行动纲要》，对大数据整体发展进行了顶层设计和统筹布局，强调建立规范体系，标志着大数据产业发展和政策体系建设起步。

落地阶段：2016 年，《中华人民共和国国民经济和社会发展第十三个五年规划纲要》明确提出要实施国家大数据战略，要把大数据作为基础性战略资源，全面实施促进大数据发展战略，加快推动数据资源共享开放和开发应用，助力产业转型升级和社会治理创新。2016 年，工业和信息化部发布《大数据产业发展规划（2016—2020 年）》，全面部署"十三五"时期大数据产业发展工作。这些政策的提出为大数据产业全面和快速发展奠定了基础。

深化阶段：2017 年 10 月至今，随着大数据相关产业体系日益完善，大数据与各行业融合应用逐步深入，国家大数据战略进入深化阶段。2017 年 10 月，党的十九大报告提出要推动大数据与实体经济深度融合，为大数据产业的发展指明了方向。2019 年 3 月，大数据连续六年写入政府工作报告，并且报告中有多项任务与大数据密切相关。2020 年 4 月，中共中央、国务院正式颁布《关于构建更加完善的要素市场化配置体制机制的意见》，首次将"数据"与土地、劳动力、资本、技术并称为五种生产要素，并强调加快培育数据要素市场，推进政府数据开放共享，提升社会数据资源价值，加强数据资源整合和安全保护。2021 年 3 月，《中华人民共和国国民经济和社会发展第十四个五年规划和 2035 年远景目标纲要》明确提出系统布局新型基础设施，加快第五代移动通信、工业互联网、大数据中心等建设，大数据正在融入经济和社会发展的各个方面。

在国家政策的引领下，国内各地政府也高度重视大数据发展，多个省市出台专门的大数据相关政策，政策内容覆盖了生态环境大数据、农业大数据、城市大数据、医疗大数据、交通旅游大数据等应用领域。其中，2016—2017 年是大数据相关政策出台的高峰期，据不完全统计，2016 年国家层面出台大数据政策 12 个，省级层面出台大数据政策 55 个；2017 年国家层面出台大数据政策 10 个，省级层面出台大数据政策达 75 个，部分地区还设置了专门的大数据管理机构或部门，以促进大数据产业发展。近几年中国各地出台的部分大数据政策如表 1-2 所示。

表1-2　中国各地出台的部分大数据政策

地区	政策名称	发布实施时间
北京	北京市交通出行数据开放管理办法（试行）	2019年11月
海南	海南省大数据开发应用条例	2019年11月

地区	政策名称	发布实施时间
上海	上海市公共数据开放暂行办法	2019年10月
天津	天津市促进数字经济发展行动方案（2019—2023）	2019年6月
浙江	浙江省"城市大脑"建设应用行动方案	2019年6月
河南	河南省大数据产业发展三年行动计划（2018—2020）	2018年5月
河北	河北省数字经济发展规划（2018—2025）	2020年7月
安徽	安徽省"十三五"软件和大数据产业发展规划	2017年1月
江苏	江苏省大数据发展行动计划	2016年8月

1.2.4 大数据立法和标准

大数据环境下，在个人数据保护的法律制度方面，欧盟模式和美国模式是全球较有影响力的两种模式。欧盟一直是数据保护领域的立法先驱，从启动时间到法律文件数量，欧盟都为其他司法辖区的数据保护立法工作提供了蓝本。1995年欧盟通过的《关于个人数据处理保护与自由流动的指令（95/46/EC）》在2016年被《一般数据保护条例》替代，成为世界各国个人信息隐私保护，以及数据保护领域法律文件和国际协议制定的范例；2002年又通过了《关于电子通信领域个人数据处理和隐私保护的指令》。这两个法律文件成为欧盟数据保护法律框架的两大支柱，为欧盟公民的个人数据权利和隐私保护提供了坚实的保障。

美国则是行业自律模式的倡导者，成文立法散见于联邦及各州的行业规定之中，辅以行业内部行为规范、标准和行业协会的监督，在个人数据自由流动的基础上充分保护个人数据，实现行业内个人数据保护和行业利益保护的平衡。2015年美国通过了《网络安全信息共享法案》，明确了个人隐私、自由等权利的保护。针对大数据安全方面的复杂性，2015年美国国家标准与技术研究院针对大数据安全与隐私发布了第一版框架草案，对大数据的多样性、规模性、真实性、高速性、有效性等关键特性进行了阐述，提供了大数据领域安全与隐私保护的蓝本。

国内安全隐私政策立法进程相对较慢，2017年中华人民共和国国家互联网信息办公室（简称网信办）发布的《个人信息和重要数据出境安全评估办法（征集意见稿）》明确了网络运营者因业务需要，在向境外提供国内的个人信息和重要数据前，需要进行的安全评估的详细内容和流程，为跨境数据保护制度的制定奠定了基础。2020年上半年，中华人民共和国全国人民代表大会就《中华人民共和国个人信息保护法（草案）》公开征求意见，2021年8月20日《中华人民共和国个人信息保护法》由中华人民共和国第十三届全国人民代表大会常务委员会正式表决通过，这标志着个人信息和数据保护的综合立法时代已经到来。

除法律法规外，标准和规范在大数据安全保护中也发挥着重要作用。2020 年正式实施的国家标准《信息安全技术个人信息安全规范》包含了个人信息安全的基本原则，以及个人信息收集、保存和使用流程，个人信息安全事件处置和组织管理要求等，为个人信息保护提供了重要保障。在该标准的 2020 年的版本中，又对"用户画像的使用限制"等内容进行了增加和修改，这意味着个人信息保护制度及实践操作规则不断完善。另外，一系列关于数据安全的国家标准也陆续发布，对我国的数据安全起到重要的指导作用，如《信息安全技术—大数据服务安全能力要求》《信息安全技术—大数据安全管理指南》等。

1.3 大数据思维

1.3.1 大数据的价值

随着全球信息化的快速发展，大数据技术改变了传统数据采集、存储、处理和挖掘的方式，它对人类认知、社会、经济和科技等多方面产生了深远影响，已经引起世界各国的重视，是新时期国家提升竞争优势的重要机遇。维克托·迈尔·舍恩伯格在其著作《大数据时代》中就曾称赞，大数据是人们获得新的认知、创造新的价值的源泉，也是改变市场、组织机构及政府与公民关系的方法。总的来说，大数据的价值主要体现在以下几个方面。

1. 大数据提供了人类认识世界的新思维

大数据不仅是一种新兴的技术，其更重要的价值在于为人类认识世界提供了新的思维和方法。与传统数据分析更加注重因果推理和对个体的精确剖析不同，大数据更注重数据总体的广度和效率，通过关联和预测得到有价值的信息。因此，从这个角度来说，大数据带来了认识世界的新思维和新方法。另外，什么是大数据？如何理解大数据带来的新事物和新业态？我们对待大数据的方式正确吗？大数据的未来在哪里？对这些问题进行深入思考，将有利于人们更好地理解和应用大数据。

2. 大数据是促进经济转型的新引擎

伴随着大数据的发展，各国纷纷将大数据上升为国家战略，数据已经成为重要的生产要素，可以催生面向大数据市场的新技术、新产品、新服务和新业态。除了通过各类传感器、网络系统生成和搜集数据外，大数据还可以作为产品和服务在专门的平台进行交易，从而完成数据要素的市场化配置。大数据与实体经济深度融合，不断优化资源配置和开发方式，能够大幅推动传统产业提质增效，促进经济转型。目前，全球大数据产业市场规模已经超过 1 万亿美元，已经成为各国经济增长的新引擎。尽管如此，大数据蕴含的商业价值和发展潜力还有待进一步挖掘。据 IDC 调研和预测，未来几年的企业数据将以 42.2% 速度保持高速增长，而企业运营中的数据只有56% 能够被及时捕获，被捕获的数据中仅有 57% 能得到利用。

3. 大数据是提升国家综合能力的新途径

谁掌握了数据，谁就掌握了主动权。大数据涉及数据资源、基础设施、产业应用、信息安全等众多领域，是国家经济、科技和治理水平等实力的综合体现，各国政府纷纷在技术研发、数据共享和安全保护等方面进行战略布局。政府可以通过大数据揭示政治、经济和社会事务中传统技术难以展现的关联关系，并对事物的发展趋势做出准确预判，从而在复杂情况下做出合理决策。日本政府早在 2012 年就发布了《创建最尖端 IT 国家宣言》，强调未来几年内重点以向民间开放公共数据、促进大数据的广泛应用为重要发展策略。我国 2015 年发布了《促进大数据发展行动纲要》，其中一个重要任务就是"加快政府数据开放共享，推动资源整合，提升治理能力"。经过几年的建设和发展，以政务大数据为代表的信息资源共享和系统整合取得了重要进展，例如，浙江省推出的"最多跑一次"改革，就是落实"放管服"改革的重要举措；浙江省衢州市不动产交易综合窗口的业务流程，群众由原来跑国土部门、住建部门、税务部门三个窗口八次提交三套材料，变为只跑综合窗口一个窗口一次提交一套材料，管理效率和服务效率大幅提高。

4. 大数据提供了数据研究和处理的新范式

只拥有数据而不能从中发掘出价值，再多的数据也是无用的数据。借助对大数据的研究分析，能够发现经济和社会等领域的新现象，揭示自然和社会中的新规律。随着人们能够采集和使用的数据量的爆炸式增长，科学研究的范式已经从传统的实验科学、理论科学和计算科学转变为"数据密集型科学发现范式"。例如，开普勒、伽利略等人在研究天体运动时都是靠科学家的智慧和经验，通过假说、归纳和验证等步骤发现天体的运行规律；现在在拥有海量观测数据的情况下，如果数据处理能力足够强、分析策略得当，就能直接从数据中发现天体的运行规律。另外，基于全球数据共享的现代天文学、生命科学、环境科学等研究中，所产生的数据远远超过传统科学研究的数据存储和计算能力，因此急切需要在大数据存储、处理、决策等方面取得技术突破。

1.3.2　大数据的思维变革

大数据最核心的价值在于其对人类传统思维模式的颠覆。总体来说，大数据主要会引起以下几个方面的思维变革。

1. 方法论：从基于知识到基于数据

传统的方法论是基于知识的，人们从大量实践中总结和提炼出知识，然后用知识解决问题或解释问题；大数据时代不但需要将数据转化为知识，还需要能够直接从数据中得到解决问题的方法。

2. 数据的属性：从数据资源到数据资产

在大数据时代，数据不仅是一种资源，更是一种重要的资产。我国已经将数据作为与土地、劳动力、资本和技术并列的生产要素，数据除了本身的使用价值外，还具有市场配置和上线交易的资本属性。因此，数据资源经过搜集、整合、分析和转化，会转变为一种资产，为解放生产力、创新商业模式奠定基础。

3. 研究范式：从第三范式到第四范式

2007 年 1 月，图灵奖得主、关系型数据库鼻祖吉姆·格雷在山景城召开的美国国家研究理事会发表了主题为《第四范式：数据密集型科学发现》的演讲，他指出，与传统先有理论假设再搜集数据并加以验证的第三研究范式不同，基于大数据的第四研究范式，是先有大量的已知数据，然后通过计算得出之前未知的结论。

4. 数据分析：从统计学到数据科学

传统数据分析主要基于数学和统计学，通过部分抽样数据对问题进行建模和计算，而没有考虑现实世界的总体性和关联性。随着云计算等计算模式的出现及大数据时代的到来，我们对数据的获取、存储、计算与管理能力逐渐提升，能够从数据科学的整体角度来思考大数据。维克托·迈尔·舍恩伯格在《大数据时代》一书中明确指出，从统计学到数据科学是大数据时代最大的思维变革，具体表现：①尽可能利用全面而完整的数据，而不是随机样本；②适当放弃精确性，接受数据的混杂性，可以带来更好的数据洞察力和更大的商业利益；③不再热衷于寻找事物的因果关系，而是让数据自己"说话"，充分发掘事物之间的关系。

5. 计算方式：从复杂算法到简单分析

"只要拥有足够多的数据，我们就可以变得更聪明"是我们对大数据时代的一个新认识。在大数据时代，很多原本复杂的"智能问题"都会变成简单的"数据问题"。只要对大数据进行简单查询，就可以达到"基于复杂算法的智能计算的效果"。

6. 数据处理模式：从小众参与到大众协同

传统科学中，数据的分析和挖掘主要依赖专业素养很强的核心员工，企业培养这些核心员工的成本较为昂贵。随着技术发展速度加快和技术人才流失等风险的增加，传统"小众参与"的方式很难适应大数据的发展形势，因此基于"大众协同"的大规模协作日益受到重视，正成为解决数据规模与形式化之间矛盾的重要手段。例如，小米公司通过粉丝互动，提高用户体验，甚至让用户直接参与到产品的设计和改进过程；近几年网上流行的手绘小白鞋也充分肯定了用户的参与热情；交通导航应用中，用户上报的交通事故等实时交通状况也能方便系统为用户提供更好的服务。

7. 决策方式：从目标驱动到数据驱动

在传统科学思维中，决策制定往往是由目标或模型驱动的，根据既定的目标或模型进行决策。随着数据类型和数据量的增加，根据模型或目标进行决策的方法越来越低效，因此出现了以数据为主要依据的数据驱动决策模式。以政府决策为例，以前主要靠领导"拍脑袋"进行决策，采用数据驱动的决策方式则能够使政府管理更加精细化，从而提高政府的决策水平。在近几届的美国总统大选中，大数据就发挥了重要作用，竞选团队根据大数据分析出未做决定的选民，从而进行精准的广告投放和竞选活动安排。

8. 管理方式：从业务数据化到数据业务化

在传统数据管理中，企业更加关注业务的数据化问题，即如何将业务活动以数据的方式记录下来，以便进行审计、分析与挖掘；在大数据时代，企业需要重视一个新的课题：如何实现数据业务化，即如何基于数据动态地定义、优化和重组业务及其流程，进而提升业务的敏捷性，降低风险和成本。

1.4 大数据应用

1.4.1 大数据应用层次

大数据应用可以分为如下三个层次。

第一层：描述性分析应用，是指从大数据中总结、抽取相关的信息和知识，帮助人们分析发生了什么，并呈现事物的发展历程。描述性分析主要用于挖掘历史数据，描述已经发生的事情，并从中总结出经验和知识。例如，美国的 DOMO 公司从其企业客户的各个信息系统中抽取、整合数据，再以统计图表等可视化形式将数据蕴含的信息推送给不同岗位的业务人员和管理者，帮助他们更好地了解企业现状，进而做出更科学的决策。

第二层：预测性分析应用，是指利用大数据中分析事物之间的关联关系、发展模式等，并据此对事物发展的趋势进行预测。例如，微软公司纽约研究院研究员 David Rothschild 通过收集和分析赌博市场、好莱坞证券交易所、社交媒体用户发布的帖子等大量公开数据，建立预测模型，对多届奥斯卡奖项的归属进行预测，准确率高达 87.5%。

第三层：指导性分析应用，是指在前两个层次的基础上分析不同决策将导致的后果，并对决策进行优化。指导性分析基于大数据进行智能决策，用来指导复杂情况下应该怎么做。例如，无人驾驶汽车通过分析高精度地图数据和海量的激光雷达、摄像头等传感器收集的实时感知数据，对车辆不同驾驶行为的后果进行预判，并据此指导车辆的自动驾驶。

1.4.2　大数据应用领域

目前，人们对大数据的关注焦点已经从概念炒作转向实际应用。大数据在精准营销、智慧医疗、影视娱乐、金融、教育、体育、安防等领域均有大量应用。表 1-3 给出了国外统计的大数据十大行业应用。

表1-3　大数据十大行业应用

行业	大数据应用描述
银行和证券	高频交易分析、交易前的决策支持、情绪测量
通信、媒体、娱乐	为不同的目标受众进行内容创建、按需推荐和质量评价
医疗保健	医学检测、疾病识别和跟踪
教育	跟踪学习活动、评价教学效果
自然资源	地理空间数据分析、地震解释
政府	政府决策、金融市场分析和环境保护等
保险	为用户提供更透明的产品，防止保险欺诈
零售、批发贸易	优化人员配置，及时分析库存
运输	交通控制、路线规划、智能交通系统
能源和公共事业	智能抄表、更好的资产和劳动力管理

在过去几年，大数据已成为许多行业的规则改变者。大数据与各领域的融合应用在不断拓展，如网络化协同、个性化定制和智能化生产成为工业生产的新模式，精准营销、智能推荐在互联网和金融领域日益成熟，疫情监测、资源调配成为大数据的创新应用场景。赛迪顾问统计显示，2020 年中国大数据产业规模为 6388 亿元，同比增长 18.6%，近几年一直保持 15% 以上的年增

长速度，预计到2023年产业规模将超过10000亿元。随着云计算、物联网、5G等行业的快速发展，未来大数据将拥有更为广阔的应用市场。

大数据的典型应用举例如下。

1. 云南白药品牌营销

应用大数据技术，很多平台和商家能够根据用户的社交行为、生活习惯和消费记录对用户进行画像，然后针对不同的消费者进行个性化推荐，从而达到精准营销的目的。2017年，云南白药牙膏官方旗舰店在淘宝开业，为了迅速提升品牌曝光度和认知度，云南白药联合阿里巴巴进行了一场大数据技术加明星效应的精准营销。借助阿里巴巴的生态平台及大数据技术对淘宝用户进行数据采集和分析，通过对用户的搜索、浏览、单击、购买、分享等行为的深层次分析，了解淘宝用户的习惯和偏好，结合云南白药自身特性和用户年轻化的主要特点，确定了将明星粉丝转化为店铺粉丝的营销思路，进而针对两位明星代言人的粉丝组织营销活动。为了激发两大明星粉丝群体的参与热情，云南白药发起了帮偶像上头条的活动，通过对战方式增强粉丝和品牌的互动。活动一推出就取得了非常好的效果，在短短几天内就吸引了数十万粉丝参与，云南白药牙膏销量也得到显著提升。

2. 疫情防控

早在2008年，谷歌根据对用户搜索"流感"关键词的追踪，成功预测并跟踪了当年的流感大暴发。2020年初，新型冠状病毒引发的肺炎疫情在全球范围内迅速扩散，防控形势复杂严峻。国内通过社会上下的共同努力，在这场疫情阻击战中取得了令人瞩目的成果，其中大数据技术在疫情检测分析、人员管控、医疗救治、复工复产等方面被广泛应用，为疫情防控提供了强大支撑。例如，微信或者支付宝根据用户的身份标识、定位信息、行程记录、支付历史、密切接触人员、疫苗接种等信息形成特定的健康码，为疫情防控提供了有力的支持。中国信息通信研究院联合通信运营商推出了"通信大数据行程卡"，为全国用户免费提供14天内所到城市信息的查询服务。另外，通过对这些数据进行建模和数据挖掘，能够实现高危人群识别、人员健康追踪、区域检测等功能。在疫情诊断和医疗救治方面，大数据和智能技术也得到了应用。例如，百度研究院开放线性时间算法LinearFold，提升了病毒RNA空间结构的预测速度；浙江省疾控中心基于阿里巴巴达摩院研发的人工智能算法上线基因组检测分析平台，有效缩短了疑似病例的基因分析时间，且能精准检测出病毒的变异情况。

3. 精准农业

美国农业生物技术公司孟山都在2018年被德国拜耳收购以前就十分注重大数据技术的应用，他们利用种子、农药、土壤、气象等大数据信息为农业提供精准服务。该公司首先发起"绿色数据革命"运动,让普通农民不必精通大数据技术也能享受大数据的成果,从而帮助农民提高收入。其典型的应用情景是农民在驾驶室里拿出平板电脑,收集农作物监视器传来的各种数据,然后将数据上传给服务器,农场设备制造商经过数据处理和分析提供相应决策服务,可以将化肥的配方和用量直接发送到农场的平板电脑上。该公司还力推开放的农业数据联盟,致力于设置统一的数据标准,实现不同制造商的系统互通,从而创建一个无界的农业大数据平台。

1.5 大数据技术与工具

1.5.1 大数据处理流程

大数据涉及的数据类型繁多,数据量巨大,需求不同用到的大数据技术也不尽相同,但总的来说,都离不开数据采集、存储、处理、应用等关键环节。根据大数据处理的数据流向,可将其分为数据采集、数据预处理、数据分析和挖掘、数据可视化和解释等过程,如图 1-3 所示。使用合适的工具和方法对大量的异构数据进行采集,对获取的数据进行变换、清洗等预处理;将结果按照一定的标准存储在本地磁盘或网络存储设备,并通过软件进行管理;根据任务采用合适的数据分析和挖掘技术对数据进行处理,从中提取规则和知识,用于指导决策;引入数据可视化等技术,为用户直观展示数据挖掘的结果,并解释数据中蕴含的现象和规律。

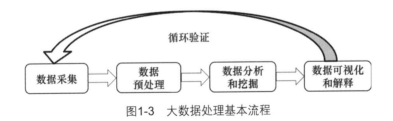

图1-3 大数据处理基本流程

1.5.2 大数据行业全景图

著名风险投资机构 FirstMark Capital 的合伙人马特·图尔克堪称大数据行业的观察家,其自2012 年起定期更新大数据和人工智能行业全景图,用于跟踪大数据和人工智能行业的现状和发展趋势,主要涵盖基础设施、开源框架、数据资源、企业应用和分析工具等内容。马特·图尔克认为我们正在见证一个新的大数据时代,其中大数据技术用于处理核心数据工程带来的挑战,机器学习用于从数据中提取价值。马特·图尔克发布的 2012 年、2016 年大数据行业全景图如图 1-4

所示，从图中可以看出 2012 年只有几十家公司纳入全景图。2021 年纳入全景图的大数据公司约有 1000 家，通过插图已很难清晰呈现相关公司的图标，感兴趣的读者可以下载全尺寸高清图像查看。这些图概览性地记录了大数据行业的发展与更迭，也见证了十年来大数据生态系统的蓬勃发展。在新冠肺炎疫情冲击全球时，很多大数据公司不但存活下来，而且随着数据技术的转型而发展得很好。

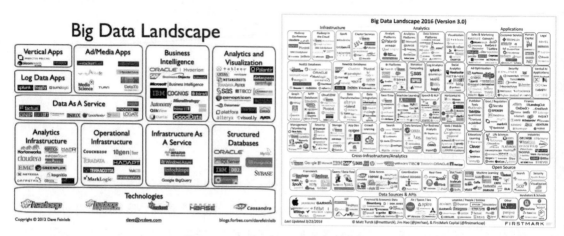

图1-4　2012年、2016年大数据全景图

大数据产业是以数据及数据蕴含的信息价值为核心生产要素，通过数据技术、数据产品、数据服务等形式，使数据与信息价值在各行业经济活动中得到充分利用的产业。随着大数据技术的不断进步和应用的持续深化，以数据为核心的大数据产业生态正在加速构建。基于数据价值的实现流程，可以将大数据产业分为大数据资源供应、大数据设备提供、大数据技术服务和大数据融合应用四个层次。其中，大数据资源供应业是指大数据产业链前端的数据资源提供方，包括移动互联网行业、金融业、交通运输业等能够产生并拥有大量数据资源的行业；大数据设备提供业是指大数据产业链的硬件设施提供方，包括光缆、网络设备、高性能计算、集成电路等大数据所需的硬件设备的设计、制造、租赁、批发和零售等行业；大数据技术服务业是指贯穿大数据产业链的软件及技术服务提供方，包括前端采集、数据清洗、大数据管理分析平台建设、商务智能挖掘等相关技术服务和软件研发行业；大数据融合应用业是指大数据产业链后端的数据应用方，包括与互联网、金融、交通、政务等行业的融合，为不同行业提供相应的服务和解决方案，以实现特定的经济目标。

在国内，首席数据官联盟自 2015 年起每年都会发布一版《中国大数据企业排行榜》，从商业应用、行业综合、智慧城市、物联网和平台技术等维度分析国内大数据行业的现状与发展趋势。2020 年 12 月发布的第 7 版中国大数据产业地图。2021 年，大数据产业生态联盟发布了《2021中国大数据产业发展地图暨中国大数据产业发展白皮书》，分析了中国大数据产业发展演进、政策体系、园区建设、人才培育等产业发展要素情况，研判了大数据在软硬件产品、基础设施和应用服务等领域的热点布局。

1.5.3　大数据分析平台

大数据的技术实现涉及如何获得数据，并通过分析和处理从数据中发现知识和价值。整个技术流程离不开大数据分析的基础工具和平台。本节重点介绍经典的数据分析工具 SAS（Statistical Analysis System，统计分析系统）和开源的分布式大数据处理框架 Hadoop、Spark。

1. SAS

SAS 于 20 世纪 60 年代创建，是全球商业分析领域的领导者，主要用于进行数据管理、商业智能、预测分析和规范性分析。SAS 把数据存取、管理、分析和展示有机地融为一体，其功能强大，统计方法全面，几乎囊括了所有最新的分析方法，分析方法通过过程调用来实现，许多过程同时提供了多种算法选项。SAS 使用简便，操作灵活，通常使用简短的语句就能实现复杂的运算。SAS 是端到端解决方案的集成平台，为信息管理、高级分析和报告提供了一整套软件产品、服务和集成技术。SAS 解决方案几乎可以服务于每一个业务领域，它是临床数据分析的行业标准。另外，SAS 还提供跨领域和跨行业的业务解决方案，130 多个国家超过 60000 家公司都在使用 SAS。

2. Hadoop

Hadoop 起源于 Apache 软件基金会的 Nutch 项目，它是开源的分布式系统基础架构，用户可以在不了解底层细节的情况下进行分布式程序开发。它充分利用计算机集群的力量，实现了海量数据的高速存储和计算，其最核心的设计是实现了 MapReduce 计算模型和分布式文件系统（Hadoop Distributed File System，HDFS）。Hadoop 具有高可靠性、高效性、高可扩展性、高容错性和低成本等特点，因而从设计之初就受到了很多国际大公司的青睐。例如，Yahoo 使用 Hadoop 集群支持其广告系统、Web 搜索、用户行为分析等业务；Facebook 使用 1000 个节点的 Hadoop 集群存储内部日志和多维数据，并将其作为数据分析和机器学习的数据源；Cloudera 公司专门从事基于 Hadoop 的数据管理软件销售和服务，2009 年他们聘请 Hadoop 的创始人 Doug Cutting 担任公司的首席架构师，从而提高了 Cloudera 公司在 Hadoop 生态系统中的地位；百度使用的 Hadoop 节点已经有上万台，每天处理上千 TB 的数据量，为其网页数据挖掘、系统日志分析和推荐引擎系统等业务提供统一的计算和存储服务；阿里巴巴利用 Hadoop 集群存储并处理电子商务交易的相关数据，为其广告系统、数据魔方、推荐引擎等提供支持。

经过多年的发展，Hadoop 已经成为一个成熟的生态系统，除了 MapReduce 和 HDFS 两个核心项目之外，还包括分布式集群管理系统 Ambari、数据仓库 Hive、分布式存储数据库 HBase、分布式协作服务 ZooKeeper、数据库 ETL 工具 Sqoop、数据分析系统 Pig、数据挖掘算法库 Mahout、日志收集工具 Flume 等，如图 1-5 所示。

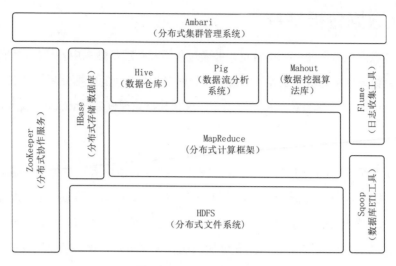

图1-5 Hadoop生态系统

3. Spark

Spark 于 2009 年由加州大学伯克利分校 AMP 实验室发起，是专为大规模数据处理而设计的快速分布式计算引擎。Spark 是一种与 Hadoop 相似的开源集群计算环境，拥有与 Hadoop 相同的优点，但其中间输出结果可以保存在内存中，从而不再需要读写 HDFS，因此 Spark 能更好地适用于数据挖掘与机器学习等需要迭代的算法。Spark 启用了内存分布数据集，除了能够提供交互式查询外，还可以优化迭代工作负载，可用来构建大型的、低延迟的数据分析应用程序。Spark 的主要特点如下。

（1）速度快：使用最先进的有向无环图（Directed Acyclic Graph，DAG）调度程序、查询优化器和物理执行引擎，实现了批处理和流式数据处理的高性能。

（2）易用性：可以使用 Java、Scala、Python、R 和 SQL（Structured Query Language，结构化查询语言）快速编写应用程序。Spark 还提供了 80 多个高级运算符，使构建并行应用程序变得更容易。

（3）通用性：提供了大量的库，包括 Spark Core、SQL 和 DataFrames，以及用于机器学习的 MLlib、GraphX 和 Spark Streaming，可以在同一个应用程序中无缝组合使用这些库。

（4）无处不在：可以在 Hadoop、Apache Mesos、Kubernetes、单机或云端等平台上轻松运行，且可以访问多种不同的数据源。

1.5.4 大数据编程语言

通过编程实现大数据相关应用和开发是不可避免的，大数据支持多种主流编程语言，如 C++、Java、Python、Scala 和 R 等，这里重点介绍几种较为常用的编程语言。

1. Java

Java 是一种面向对象的程序设计语言，长期在各类编程语言排行榜中占据前三名的位置。Java 继承了 C 语言的大部分语法，但其在使用上要更加简单，同时 Java 还具有分布式、跨平台、高性能、多线程、动态性等优点，因此被应用到了众多企业大型系统中。

Java 与大数据存在着较为紧密的联系。目前最流行的大数据开发平台 Hadoop 就诞生于 Java 高手 Doug Cutting 之手，因此采用 Java 编写 Hadoop 应用程序有着得天独厚的优势。另外，由于 Java 在跨平台方面的优势，很多大数据处理和计算框架，如 Flink 和 Spark 等也支持用 Java 编写应用程序。由于 Java 在大数据应用中的广泛应用，社会上流行一种新的学习方向——Java 大数据。

2. Python

Python 是一种通用的、面向对象的编程语言，已经逐渐征服科学界，成长为成熟的数据处理和分析专业软件。Python 是一种开源的、面向对象的、跨平台的编程语言，与其直接竞争对手（如 C++ 和 Java）相比非常简洁，能在非常短的时间内创建工作软件原型。

目前，Python 已成为数据科学不可或缺的工具，其主要特性如下。

（1）Python 非常简单，易学易用，什么编程风格的人都可以使用 Python 编程。

（2）Python 完美兼容多种操作系统和开发平台，如 Windows、Linux 和 Mac OS 等，即使在小型分布式系统和物联网微型计算机系统上也不用担心它的可移植性。

（3）虽然 Python 是解释性的语言，但与其他主流数据分析语言（如 R 和 MATLAB）相比具有毋庸置疑的速度优势。此外，还可以通过编译器将 Python 代码转换成效率更高的 C 语言代码。

（4）Python 具有极小的内存占用和优秀的内存管理能力，可以处理内存中的大数据。当进行数据加载、转换等操作时，会使用循环回收器自动清理内存中的数据。

（5）Python 可方便地集成不同的工具，为多种编程语言、数据策略和分析算法提供真正的统一平台。

（6）Python 具有丰富的第三方库， 由于使用 Python 的用户不断增多，Python 社区每天都会发布新的工具包或进行相应改进，这使得 Python 生态系统日益丰富。

3. R

R 是专门用于统计分析和绘图的开发语言和操作环境，具有数据建模、统计分析和可视化等功能。国际上很多知名的数据科学公司都在使用 R，如 Facebook、谷歌、IBM 等。其主要特点如下。

（1）免费开源：安装程序、源代码、文档资料都可以通过其网站或镜像网站自由下载。

（2）有完整的程序设计语言：面向对象的统计编程语言，具有完善的数据类型及运算操作，语法通俗易懂，结构自由松散，可以通过编写函数扩展现有功能，因此其更新速度比 SPSS、SAS 等统计软件要快得多。

（3）交互式数据分析：除图形输出外，大部分操作在同一窗口完成，若语法有错误会马上得到提示，有历史命令记忆功能，可以随时再现、编辑修改；图形输出功能强大，可以输出多种统计图形，图形可以直接保存为图片或 PDF 文件。

（4）有丰富的网络资源：官网包含一万多个软件包，涉及统计和数据分析的各个方面，其功能不输 SPSS 和 MATLAB 等专业软件，而且广大科研工作者还在源源不断地贡献自己的算法和资源。

1.6 本章小结

本章对大数据的基本概念、发展过程、行业应用和技术平台等进行了介绍，使读者在深入了解大数据核心技术之前，对大数据的产生背景、发展状况、应用前景有一个总体认识；同时，可以培养读者基本的大数据思维，熟悉大数据的主要技术流程和研发工具。我们应借鉴世界各国的发展经验，抓住大数据时代的关键特点，加强大数据基础技术研究和信息安全体系建设，从而更好地研究大数据、利用大数据、"拥抱"大数据。

1.7 习题

1. 什么是大数据？什么是大数据的 4V 特征？这些特征给大数据的计算和分析带来了什么样的挑战？

2. 大数据时代是在什么背景下产生的？它对我们的现实生活产生了哪些影响？

3. 结合国家出台的政策法规，分析我国大数据发展的主要历史阶段。

4. 结合实际谈谈大数据的社会价值。

5. 大数据在思维模式上给人们带来的变革有哪些？

6. 根据数据开发应用的深入程度，论述大数据应用的三个层次。

7. 举例说明大数据的典型应用场景。

8. 大数据处理的基本流程由哪几个步骤组成？

第2章
CHAPTER 2

大数据采集与预处理

千里之行，始于足下。大数据采集和预处理是整个大数据处理流程的起点。数据虽然是非常宝贵的资源，但是不对这些资源进行采集，并转化为方便存储和利用的格式，就不能充分发挥其价值。本章首先介绍大数据采集的基本概念、数据来源、采集工具和方法。采集到的数据需要经过数据清洗、数据转换等预处理，得到干净有效的数据，才能保证后继数据分析得到可靠的结果；然后介绍大数据采集和预处理的方法和常用工具，并给出了典型例子。

2.1 概述

大数据处理的基本流程包括数据采集、预处理、存储及管理、分析及挖掘、应用和展示等。数据采集和预处理是该流程的第一步，如果没有足够多且高质量的数据，大数据的分析和决策也就无从谈起。因此，数据采集和预处理是大数据应用的基础。

数据的来源非常广泛，如智能手机、企业信息管理系统、网络信息系统、物联网系统、科学实验系统等都会产生大量结构化、半结构化及非结构化的数据。数据采集就是利用一定的工具或方法将这些分布范围广、产生速度快、数据类型多的数据聚集起来，为大数据分析和决策提供有效支撑。数据的来源不同，数据的采集方式也不同。数据采集过程中需要充分考虑采集的全面性、高效性、时效性，以获得满足分析需求的、完整的、真实的、可靠的数据。为了适应大数据应用场景的网络化运营、分布式部署等特点，还需要利用 Scrapy、Flume、Kafka 等工具完成复杂的数据收集和数据聚合等任务。大数据采集继承和发扬了传统数据采集的相关技术，但是由于大数据自身的特性要求，使得大数据采集又表现出与传统数据采集不同的特点。大数据与传统数据采集特点对比如表 2-1 所示。

表2-1 大数据与传统数据采集特点对比

类别	大数据	传统数据
数据来源	来源广泛	来源单一
数据规模	数据量巨大	数据量较小
数据类型	类型丰富，结构复杂	类型单一，相对固定
采集特点	复杂、多样、专业	简单直接
数据存储	分布式存储及NoSQL	关系型数据库

采集全面而丰富的数据固然重要，但是采集有用的高质量数据更加重要，数据的质量与科学的预处理会直接影响数据分析的结果。美国科学院院士林家翘在清华大学做关于星系结构的演讲时，用计算机程序模拟了上万颗恒星从杂乱走向有序，最后形成双臂螺旋结构的过程，这与实际拍摄的天文图像一模一样。有一位青年学者提问："你的结果是否表明，我们有了先进的计算技术，凭它就可以轻而易举地解决一切难题？"林先生回答说："你的看法是片面的，甚至是要不得的。单凭先进的高速计算机而没有足够的科学分析，不可能建立正确的反映事物本质的数学模型。在模型解析和数值模拟过程中，如果不对掌握的资料和数据进行科学的预处理，那么必然的

结果是 Garbage in, garbage out！"因此，数据预处理是数据挖掘必不可少的准备工作，是大数据处理流程中非常关键的一步，甚至有专家特别强调，数据预处理在整个数据科学项目中将会占据人 80% 的精力，这一观点在很多数据科学项目中得到了验证。

大数据预处理就是对采集到的数据进行抽取、清洗、集成、转换等操作，使数据以合适的形式加载到数据仓库或数据库中，从而保证数据挖掘和系统决策的正确性和有效性。数据清洗能够处理数据中的缺失值、异常值和噪声，同时去除对数据分析目标没有影响的数据，为数据挖掘算法提供准确有效的数据；数据集成能够识别、整合多源异构数据，形成符合数据挖掘需求的一致数据；数据转换通过函数变换、规范化和属性构造等方法，为数据分析提供更可靠的属性。数据预处理工作十分烦琐，好在借助 DataStage、Kettle、DataPipeline 等 ETL（抽取、转换、加载）专业工具，这项艰巨的任务会变得轻松许多。

2.2 大数据的来源

世界上本没有数据，人们在观察、研究、利用和改造世界的活动中生产出的数据多了，便形成了大数据。大数据的来源非常广泛，如来自感知设备、互联网系统、科学实验系统等，它们产生的数据类型繁多，包括结构化数据、半结构化数据和非结构化数据。大数据主要来源如下。

1. 感知系统数据

随着传感器技术和物联网技术的发展，大量传感器和智能设备能够获得对现实世界的多种测量数据。例如，智能仪表、工业设备、交通工具、监控系统等都有多种传感器，能随时随地感知位置、运动、温度、湿度、流量、声音和影像等信息。随着智能手机、可穿戴设备的普及，个人身份识别和健康状况等数据也更受关注，这类数据包括指纹、人脸等生物识别信息，以及心率、体温、运动、睡眠等个人健康信息。

2. 企业系统数据

企业会使用内部信息管理系统管理用户数据、销售数据、企业资源等，其产生的数据多为结构化数据，通常通过 MySQL 和 Oracle 等关系型数据库来存储，如企业资源计划系统（ERP）、客户关系管理系统（CRM）等都会产生这样的数据。这类数据一般具有清晰的结构形式，数据规模通常不大，数据的增长速度不快，有专门的人员维护，数据质量较高。企业可以借助 ETL 工具，把分散在企业不同位置的业务系统数据抽取、转换、加载到企业数据仓库，以供后续的智能分析和商务决策使用。

3. 互联网数据

互联网是大数据的前沿阵地，近些年人们对互联网的依赖越来越大，衣食住行等各方面都可以借助互联网轻易完成。人们在使用电子商务、生活服务、政务系统等互联网应用时，都会产生大量的网络数据，如在线交易订单、呼叫中心的记录、信息系统的留言和评论等。互联网数据还包括最近非常火热的社交网络数据，人们通过微博、微信、Facebook、YouTube 等交流与互动，产生了大量的图像、视频、语音和文本等多媒体数据。就中国几大互联网公司来说，百度拥有用户的搜索需求数据，阿里巴巴拥有用户的交易数据和信用数据，腾讯拥有用户的关系数据和社交数据。互联网数据具有模式多样、规模巨大、数据更新快等特点，这对数据的采集提出了很高的要求。

4. 政府系统数据

政府各个部门在社会服务和监管过程中掌握了大量数据，这些数据也是大数据项目的重要数据来源，如气象数据、金融数据、信用数据、电力数据、道路交通数据、公安刑事案件数据等。政府数据具有较高的真实性、权威性和实时性，各部分的数据看起来是单一的、静态的，但是将多个政府部门的数据整合起来，并进行有效的关联分析和管理，将会产生巨大的价值。

5. 实验系统数据

实验系统数据主要是科学技术研究过程中产生的数据，可以是特定环境下真实的实验数据，也可以是模拟现实世界的生成数据。计算机程序很擅长生成随机数据、噪声数据及符合某种数学和物理模型的数据。这一类数据模式相对固定，数据规模和更新速度可控，数据的意义较为明确。

2.3 大数据的采集方法

数据采集是通过各种技术和方法从 Web、APP 和传感器等终端收集原始数据并加以利用的过程。数据采集应该根据数据的性质、类型和应用采用不同的数据采集技术，从而在有限的资源和时间条件下获得更全面和更有效的数据。例如，在支撑政府决策时，要考虑数据的全面性和完整性；在进行股市行情分析时，要考虑数据的时效性；在进行铁路售票系统用户行为分析时，要考虑数据的并发性。考虑到大数据系统中有很多非结构化数据，因此需要选择键值型数据库、文档型数据库、图形数据库等 NoSQL 数据库来接收采集到的数据。应用环境和采集对象不同，大数据的采集方法也不尽相同,大数据采集方法主要有以下几种。

2.3.1 数据库采集

在大数据技术风靡之前,MySQL 和 Oracle 等关系型数据库是存储企业业务数据的主力。在很多数据科学应用中,直接访问数据库是很有效的数据采集方法,数据库采集系统直接与企业业务后台服务器结合,可以直接采集业务后台产生的大量业务记录,并交给特定的处理系统进行分析。当大数据出现时,行业就在考虑能否把数据库处理数据的方法应用到大数据中,于是就诞生了 Hive、Spark 和 Sqoop 等大数据产品。Hive 是 Facebook 公司基于 Hadoop 的开源数据仓库,支持使用类似 SQL 的声明语言 HiveQL 进行查询,便于掌握传统数据库技术的用户使用。Sqoop 是 Apache 旗下实现 HDFS、HBase、Hive 与传统关系型数据库之间数据同步的工具,可将数据从企业业务数据库批量加载到 HDFS、HBase 等,或者从分布式文件系统或数据库将数据转换到业务数据库,解决了使用脚本传输数据效率低下的问题。

2.3.2 系统日志采集

系统日志采集是对公司业务平台的软硬件操作和系统问题等信息进行采集,并对系统运行状况进行监控,如网络监控的流量管理、金融应用的股票记账和 Web 服务器记录的用户访问行为等。通过对这些日志信息进行采集,并进行数据分析,就可以从公司业务平台日志数据中挖掘出具有潜在价值的信息,为公司决策提供可靠的数据依据。

目前使用最广泛的系统日志采集工具有 Hadoop 的 Chukwa、Apache 的 Flume、Facebook 的 Scribe 和 LinkedIn 的 Kafka 等,这些工具均采用分布式架构,能满足每秒数百 MB 的日志数据采集和传输需求。其中,Flume 是分布式日志收集系统,用于采集、聚合和转移日志数据,具有流式数据简单灵活的架构,并具备故障转移恢复机制,具有高可靠性和强大的容错能力;Scribe 是 Facebook 公司的开源日志收集系统,可以接收客户端发送的数据,将其放入共享消息队列中,并推送至分布式存储系统。

2.3.3 网络数据采集

互联网是大数据的主要来源,网络数据采集是指对互联网数据进行采集,可以通过网络爬虫或调用网站公开的 API(应用程序接口)等方式获取数据信息。网络数据采集可以将非结构化数据从网页中抽取出来,按照一定的规则和格式对数据进行分类整理,并以结构化的方式存储为本地数据文件,它支持图片、音频、视频等多种文件的采集。网络数据采集的应用领域十分广泛,包括搜索引擎与搜索平台的搭建与运营、各类门户网站的数据支撑与流量运营、电子政务与电子商务平台的运营、知识管理与知识共享系统的运营、企业竞争情报系统的运营、信息咨询与信息增值、信息安全和信息监控等。

网络数据的采集通常借助网络爬虫来完成。网络爬虫是指按照一定规则自动抓取 Web 信息的程序。根据感兴趣信息的不同，可以将爬虫分为通用网络爬虫和聚焦网络爬虫，前者关心网络上尽可能多的高质量网页，主要是为搜索引擎和需要全面数据的应用服务；而聚焦网络爬虫则关心某个垂直领域的数据，采用特定的检索规则，选择性地爬取与预定主题相关页面的数据。网络爬虫的基本工作流程如图 2-1 所示。第一步，利用种子 URL（统一资源定位系统）指定入口页面；第二步，通过页面解析下载所需数据并存储到数据库，同时提取页面中包含的指向其他页面的 URL；第三步，将获取到的新 URL 加入抓取队列；第四步，通过调度器从等待队列中选取下一个要下载的页面，不断迭代直至完成爬取任务。

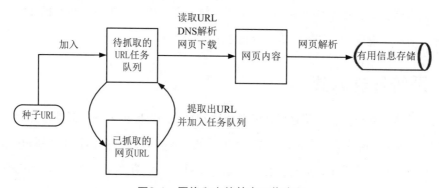

图2-1　网络爬虫的基本工作流程

目前常用的网络爬虫系统有 Nutch、Crawler4j 和 Scrapy 等。其中，Apache Nutch 是由 Java 实现的高度可扩展和可伸缩的开源网络爬虫项目，得到了 Hadoop 的支持，可以进行分布式多任务抓取、存储和数据索引；Crawler4j 和 Scrapy 提供了便利的 API，开发人员不需要了解具体的爬虫框架，就可以定制自己的爬虫系统，大大提高了开发效率。

2.3.4　其他数据采集

除了上述企业数据和网络数据外，还可以通过智能感知设备、政府授权和众包等方式采集数据。随着物联网技术和智能设备的发展，通过智能传感设备可以实现数据的智能化识别、定位、跟踪、传输和信号转换，因此基于智能传感技术的数据采集越来越多。政府部门和各领域机构掌握着交通、医疗、电信、征信等数据，普通企业和用户可通过申请授权等方式获取这些数据。另外，可以将数据搜集的任务外包给企业和个人，或者通过大众参与的方式获取合适的数据，也可以通过大数据交易平台购买数据。

2.4 大数据预处理方法

数据质量是保证数据处理模型简单可靠、使数据分析结果更可信的重要前提。现实世界本身的复杂性，以及采集系统的噪声和不稳定性等，会造成采集的原始数据存在不完整、不一致、错误或重复等情况，因此需要采用数据清洗等预处理技术清洗掉数据中不合理和无用的"脏"数据，并将数据转换成适合进行处理和分析的形式。常用的数据预处理方法有数据清洗、数据集成、数据转换等。

2.4.1 数据清洗

数据清洗主要对缺失数据、异常数据、噪声数据、不一致数据和重复数据等进行处理，具体方法如下。

1. 缺失数据处理

数据不完整和缺失的情况非常常见，根据数据的属性不同，可以采用不同的处理方法。

（1）忽略。如果某个属性对分析建模没有影响，或者整个数据集中该属性缺失的比例较大，则可以直接删除该属性或建模时将其忽略。

（2）删除整条记录。删除含有缺失值的整条记录是一种简单直接的操作，但容易造成有效样本数量减少，无法充分利用收集到的数据。通常只对多个属性缺失或重要属性缺失的记录整体删除，尽量减少对数据分析结果的影响。例如，在分类识别建模时，如果数据的类别属性缺失则对模型影响较大，因此可以考虑删除该记录，只利用其他数据进行分析。

（3）估算填充。可以利用已知数据的统计信息估算缺失值，如使用属性的均值、中位数等填充缺失值；也可以使用同类样本的属性均值填充缺失值，这种方法特别适合分类挖掘等任务。例如，对用户信用风险进行挖掘时，如果某个用户的收入数据缺失，则可以使用同一信用风险类别用户的平均收入进行填充；还可以使用最可能的值填充缺失数据，通常使用回归模型、贝叶斯公式和决策树等推断出最可能的取值。

（4）使用常量填充。使用特殊的数字或代号代表缺失值，可以最大限度地保留数据集中的可用信息，但有时也会误导数据分析程序，导致得到有偏差甚至错误的结论。

2. 异常数据处理

异常数据是指样本中明显偏离正常范围、逻辑上不合理、与其他数值差别较大的观测值，也称为离群点，如人的年龄为 200 岁、体重为 1 吨等。异常数据一般是由于传感器故障、人工录入错误或异常事件导致的。异常数据会导致后续的数据分析、数据建模出现偏差和错误，如 K-means、

AdaBoost、GBDT 等算法对异常值就非常敏感，因此有必要识别并处理这些异常值。

异常数据的识别方法有 3σ 准则、箱线图等。3σ 准则建立在数据服从正态分布的基础上，异常数据的干扰或噪声难以满足正态分布。如果样本是正态分布或近似正态分布，则认为绝大多数数据分布在均值上下 3 个标准差的范围内，数值分布在 $(\mu-3\sigma, \mu+3\sigma)$ 中的概率为 99.73%，超过这个范围的数据就是异常数据。

箱线图（如图 2-2 所示）是一种用来显示一组数据分散情况的统计图，因其形如箱子而得名。箱线图包含上四分位数（Q_1）、中位数（Q_2）、下四分位数（Q_3）、四分位距（IQR=Q_3-Q_1）、上限（Q_3+1.5IQR）、下限（Q_1-1.5IQR）六个数据节点，小于下限或大于上限的数值被定义为异常数据。箱线图能够直观地呈现数据的中位数、异常数据、分布区间等信息，不需要事先假定数据分布，以四分位数和四分位距作为基础，异常数据识别结果比较客观。识别出异常数据后，需要对异常值进行处理，常用的方法有直接删除（将含有异常数据的记录直接删除）、视为缺失数据（转用处理缺失值的方法来处理）、平均值修正（利用前后两个观测值的平均值来修正异常数据）等。

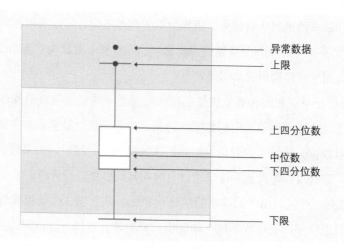

图2-2　使用箱线图识别异常数据

3. 噪声数据处理

数据测量和采集往往会受到设备或环境等因素的干扰，形成带有随机误差的噪声数据。噪声数据不仅会增加计算开销，还可能增大计算误差。例如，在线性迭代过程中，如果数据中含有大量的噪声数据，将会大大影响模型的收敛速度，甚至影响机器学习模型的精度。噪声数据主要通过以下方法进行平滑处理。

（1）分箱。分箱方法通过考察相邻数据来确定数据的最终值，将需要处理的数据根据一定的规则放进由属性值划分出的"箱子"里，然后考察每一个箱子中的数据，采用某种方法对各个箱子中的数据进行处理。在采用分箱方法时，需要确定两个主要问题：如何分箱及如何对箱子中的数据进行平滑处理。

分箱方法有等高方法、等宽方法和自定义区间方法等，图 2-3 给出了等高与等宽两种典型的分箱方法。等高方法按照记录的行数进行分箱，每箱中记录的数据数量相同；等宽方法是按照区间的范围分箱，每个分箱的数据范围都相同；自定义区间方法中每个分箱的范围可以单独控制。分好箱后，求每一分箱的平均值、中值或边界极值，并使用这些统计值代替箱子中的所有数据，从而达到平滑数据的目的。

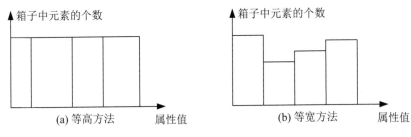

图2-3　两种典型的分箱方法

（2）聚类。通过 K-means 等聚类分析方法可以将相似的数据组织成不同的"簇"，而那些落在各个簇之外的数据被视为噪声。这种方法识别出的噪声数据可以直接清除，或参照异常数据处理方法进行处理。

（3）回归。回归法是利用相关变量之间的函数关系，将相关变量拟合成一条曲线或多维曲面，从而达到利用一个或一组变量值来预测另一个变量的目的，能够帮助平滑数据并除去其中的噪声。

4. 不一致数据处理

由于录入错误、多个数据源集成等原因，采集到的数据可能存在格式和内容上与要求不一致的情况，这时不能简单地将数据删除，需要认真审查格式要求，利用数据之间的关联分析不一致的原因。例如，在整合多个数据来源时，时间、日期、数据单位等不一致，需要将其转换成一致的格式。例如，有的"姓名"字段里填写了性别，"身份证号"字段里填写了电话号码，需要考虑导入数据时是否存在列没有对齐的情况；有的数据会出现身份证号、出生年月、年龄等内容不一致，这时需要根据字段的数据来源判断哪个字段提供的信息更为可靠，从而去除或重构不可靠的字段。

5. 重复数据处理

重复数据的存在会影响数据分析和挖掘结果的准确性，所以在进行数据分析和建模之前需要先进行数据重复性检验，如果存在重复数据，则需要删除重复数据。去重的步骤一般放在数据清洗过程的最后，因为有些数据开始并不是重复的，经过清洗之后就会变成重复的。

2.4.2　数据集成

数据预处理常常涉及数据集成操作，即将不同来源、不同种类、不同格式的数据在物理上或逻辑上集中起来，形成一个一致的数据仓库，以便为后继的数据处理工作提供完整的数据基础。在数据集成时，不同数据源对现实世界的表达形式可能不同，有可能会造成模式不匹配。因此，要考虑实体识别问题和冗余属性识别问题，从而将源数据在最底层上加以转换、提炼和集成。

1. 实体识别

实体识别是从不同数据源识别出现实世界的实体，检测这些实体的矛盾之处，使其变得统一。常见的实体之间的矛盾有如下几种。

（1）同名异义：属性名称相同而代表的数据意义不同。例如，数据源 A 和数据源 B 具有相同的属性 ID，但是它们描述的分别是菜品编号和订单编号，即描述的是不同的实体。

（2）异名同义：属性名称不同而代表的数据意义相同。例如，数据源 A 中的 sales_dt 和数据源 B 中的 sales_date 虽然属性名称不同，但描述的都是销售日期。

（3）单位不统一：同一实体在不同数据源中使用的单位不一致。例如，重量属性在数据源 A 中采用公制单位，而在数据源 B 中采用英制单位；价格属性在不同国家和地区采用不同的货币单位。

2. 冗余属性识别

冗余问题在数据集成中经常出现，主要表现为同一属性多次出现、同一属性命名不一致、一个属性可以从其他属性中推演出来。仔细整合不同源数据，能减少甚至避免数据冗余与不一致，从而提高数据挖掘的速度和质量。对于冗余属性，要先分析冗余的类型和原因，再根据属性在数据建模中的作用确定处理方式。例如，重复出现的属性可以直接删除；不同命名但语义一致的属性要先合并再删除冗余信息；有关联关系的属性可以利用相关分析发现数据的冗余情况。

2.4.3　数据变换

数据变换主要是对数据进行规范化处理、连续变量的离散化及变量属性的构造，将数据转换成适合进行数据处理的描述形式，提高数据挖掘的质量。

常见的数据变换策略如下。

（1）简单函数变换：对原始数据进行某些数学函数变换，如平方、开方、取对数、差分运算等。简单函数变换常用来将不具有正态分布的数据变换成具有正态分布的数据；在时间序列分析中，有时简单的对数变换或者差分运算可以将非平稳序列转换成平稳序列。

（2）平滑处理：除去数据中的噪声，常用方法包括分箱、回归和聚类。

（3）聚集处理：对数据进行汇总或聚集。例如，对每天的销售额进行汇总后可以获得每月或每年的销售总额。这一操作常用于对数据进行多粒度的分析。

（4）数据泛化处理：用更高层次的概念取代低层次的数据对象。例如，年龄属性可以映射到更高层次的概念，如年轻、中年和老年。

（5）规范化处理：将属性值按比例缩放，使之落入一个特定的区间，如区间 [0, 1]，从而降低数据不同量纲和幅度的影响，使各属性具有相同的尺度，能够加速机器学习等数据模型的学习速度。常用的数据规范化处理方法包括 Min-Max 规范化、Z-Score 规范化和小数定标规范化等。

（6）属性构造处理：根据已有属性集构造新的属性，后续数据处理直接使用新增的属性。合适的属性可以简化数据挖掘模型，甚至帮助发现数据属性之间的相互关系。例如，根据已知的质量和体积属性，可以计算出新的属性"密度"。

下面重点介绍数据的规范化处理。规范化处理就是将一个属性取值范围投射到一个特定范围内，以消除数值型属性因大小不一而造成挖掘结果出现偏差，常用于神经网络、基于距离计算的最近邻分类和聚类挖掘的数据预处理。对于神经网络，采用规范化处理后的数据不仅有助于确保学习结果的正确性，还可以提高神经网络的学习效率。对于基于距离计算的挖掘，规范化方法可以避免因属性取值范围不同而影响挖掘结果的公正性。

1. Min-Max规范化

Min-Max 规范化方法对原始数据进行一种线性变换，将数值映射到区间 [0, 1]，其转换公式如下。

$$x^* = \frac{x - x_{\min}}{x_{\max} - x_{\min}}$$

Min-Max 规范化比较简单，但是也存在一些缺陷，即当有新的数据加入时，可能导致最大值和最小值发生变化，需要重新定义属性的最大值和最小值。

2. Z-Score规范化

Z-Score 规范化的主要目的是将不同量级的数据统一转化为同一个量级，统一用计算出的 Z-Score 值衡量，以保证数据之间的可比较性。其转换公式如下。

$$x^* = \frac{x - \bar{x}}{s}$$

Z-Score 的优点是不需要知道数据集的最大值和最小值，对离群点规范化效果好。此外，

Z-Score 能够应用于数值型的数据，并且不受数据量级的影响，因为它本身的作用就是消除量级给分析带来的不便。

Z-Score 规范化也有一些缺陷。首先，Z-Score 对数据的分布有一定的要求，正态分布是最有利于 Z-Score 计算的；其次，Z-Score 消除了数据具有的实际意义，其结果只能用于比较数据变换后的结果，不能真实表达原始数据的真实意义。

3. 小数定标规范化

小数定标规范化通过移动属性值的小数位置来达到规范化的目的，将属性值映射到区间 [-1,1]，移动的小数位数取决于属性绝对值的最大值。其转换公式如下。

$$x^* = \frac{x}{10^k}$$

式中，k 为能够使该属性绝对值的最大值的转换结果小于 1 的最小取值。

小数定标规范化方法直观简单，其缺点是并没有消除属性间的权重差异。

2.5 大数据采集与预处理工具

前文介绍了大数据的采集和预处理方法，面对众多方法和工具我们又该如何取舍？本节结合几个典型的应用场景，详细介绍了 Scrapy、Kafka 和 Kettle 等工具在数据采集和预处理过程中的应用。

2.5.1 网络爬虫Scrapy

1. Scrapy架构

Scrapy 是一款使用 Python 开发的快速的、通用的网络爬虫框架，具有速度快、扩展性强、使用简便等特点。Scrapy 对用户非常友好，用户只需要简单修改几个模块就可以轻松实现所需要的爬虫程序，用来抓取网页中指定的图片、视频等内容。Scrapy 可以在本地多种系统环境中运行，也能部署到云端实现真正的大规模数据采集。Scrapy 提供了多种类型的爬虫基类，可以用于数据挖掘、数据监测和历史数据存储。Scrapy 只是 Python 的一个主流框架，用户可选择的 Python 爬虫框架还有 Crawley、Python-goose 和 Beautiful Soup 等。

Scrapy 架构主要由以下组件组成：Scrapy 引擎、调度器、下载器、爬虫、项目管道、下载器中间件、爬虫中间件。图 2-4 展示了各个组件的交互关系和数据处理流程。

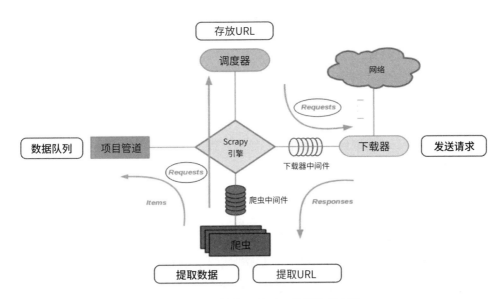

图2-4　Scrapy组件交互关系及数据处理流程

（1）Scrapy 引擎：整个爬虫系统的大脑，负责主要组件之间的通信，控制整个数据流程与动作触发。

（2）调度器：可以把调度器理解为关于 URL 的队列，负责存储 Scrapy 引擎发送过来的 URL，并按一定的顺序取出进行请求操作。它决定了下一个要抓取的网址。

（3）下载器：负责获取页面数据，并通过引擎将下载内容返回给爬虫。下载器是所有组件中负担最重的，用于高速下载网络资源。

（4）爬虫：负责定义爬取的逻辑和网页内容的解析规则。爬虫进行解析响应，并生成结果和新的请求。用户可以自己编写解析响应规则，用于从特定的网页中提取自己需要的项目实体；也可以提取出新的链接，供 Scrapy 继续抓取。

（5）项目管道：负责处理爬虫从网页中提取的数据，主要包括数据清洗、验证和向数据库中存取数据。

（6）下载器中间件：Scrapy 引擎及下载器之间的特定接口，处理下载器传递给 Scrapy 引擎的结果。通过设置下载器中间件，可以实现爬虫自动更换用户代理、IP 等功能。

（7）爬虫中间件：Scrapy 引擎和爬虫之间的特定接口，处理爬虫的输入和输出，通过插入自定义代码来扩展 Scrapy 功能。

Scrapy 的整个数据处理流程由 Scrapy 引擎进行控制，其主要运行步骤如下。

（1）Scrapy 引擎找到处理某个网站的爬虫，从中获取要爬取的 URL，发送给调度器。

（2）Scrapy 引擎向调度器请求下一个要爬取的 URL，用于接下来的数据抓取。

（3）Scrapy 引擎把 URL 封装成一个请求，并通过下载器中间件转发给下载器。

（4）下载器把网页上的资源下载下来，并封装成应答包。

（5）Scrapy 引擎通过下载器中间件接收下载结果，并通过爬虫中间件发送给爬虫进行处理。

（6）爬虫对应答包进行解析，返回爬取到的数据项及需要继续抓取的新 URL 给 Scrapy 引擎。

（7）Scrapy 引擎将爬取到的数据项发送给项目管道进行进一步处理，爬虫将生成的新 URL 交给调度器等待第二轮抓取。

2. 实例：使用Scrapy爬取网络视频信息

本例的主要目标：采用 Scrapy 爬取腾讯视频里的电影信息，获得电影名称及相关描述。

首先确保系统中已经安装了 Scrapy，然后按照以下步骤执行。

（1）创建项目。打开一个终端，通过如下命令创建项目，并指定爬取的域名，系统会自动创建项目目录。其中，经常编辑的文件有 settings.py、items.py、piplines.py、video_spider.py 等。

```
scrapy startproject TXmovies
cd TXmovies
scrapy genspider txms v.qq.com
```

（2）修改配置文件。修改配置文件 settings.py 中的设置：ROBOTSTXT_OBEY 表示是否遵守机器人协议，需要修改为 False，否则很多信息无法获取；DOWNLOAD_DELAY 表示下载延迟时间，用来控制爬虫爬取的频率，设置为 1 秒是性价比较高的选择；DEFAULT_REQUEST_HEADERS 表示请求头，根据爬取的内容设置 USER_AGENT；ITEM_PIPELINES 表示项目管道，用一个整数表示优先级，数值越低爬取的优先度越高。代码如下。

```
ROBOTSTXT_OBEY = False
DOWNLOAD_DELAY = 1
# Override the default request headers: # 头部信息
DEFAULT_REQUEST_HEADERS = {
    'user-agent': 'Mozilla/5.0 (Windows NT 10.0; Win64; x64) Ap-
pleWebKit/537.36 (KHTML, like Gecko) Chrome/88.0.4324.96 Safa-
ri/537.36',
  'Accept': 'text/html,application/xhtml+xml,application/xm-
l;q=0.9,*/*;q=0.8',
  'Accept-Language': 'en',
}
ITEM_PIPELINES = {
    'TXmovies.pipelines.TxmoviesPipeline': 300,
}
```

（3）确认要提取的数据。items.py 文件定义了要提取的内容，这里要提取电影名称和电影描述，因此创建两个变量 name 和 description。Field 方法会创建一个字典，给字典添加一个键，暂时不用赋值，提取数据后再赋值。代码如下。

```
import scrapy
class TxmoviesItem(scrapy.Item):
    name = scrapy.Field()
    description = scrapy.Field()
```

（4）编写爬虫程序。爬虫程序负责执行爬取过程，在哪个网页上爬取什么内容，结果返回哪里，这些都需要自己定义。创建项目时用 scrapy genspider 命令生成的文件就像模板，只需要修改其中的关键部分即可。这里重点注意网页的解析方法 parse，offset 设置了每页包含的数据项，还能用于控制爬取的数据量。xpath 用于匹配要爬取的数据，并给 Item 里的字典变量赋值，赋值后交给管道处理。爬虫程序的主要代码如下。

```
import scrapy
from TXmovies.items import TxmoviesItem
class TxmsSpider(scrapy.Spider):
    name = 'txms'
    allowed_domains = ['v.qq.com']
    start_urls = ['https://v.qq.com/x/bu/pagesheet/list?ap-
pend=1&channel=cartoon&iarea=1&listpage=2&offset=30&pagesize=30']
    offset=0

def parse(self, response):
        items=TxmoviesItem()
        lists=response.xpath('//div[@class="list_item"]')
        for i in lists:
            items['name']=i.xpath('./a/@title').get()
            items['description']=i.xpath('./div/div/@title').get()
            yield items

        if self.offset<120:
            self.offset+=30
            url = 'https://v.qq.com/x/bu/pagesheet/list?ap-
pend=1&channel=cartoon&iarea=1&listpage=2&offset={}&pagesize=30'.
format(
                str(self.offset))
            yield scrapy.Request(url=url,callback=self.parse)
```

（5）管道输出。爬虫得到的数据可以交给管道输出，在管道中可以连接数据库，将获得的 item 类型对象持久化到数据库中；也可以将数据保存为 CSV 文件，这里仅显示输出效果，代码如下。

```
class TxmoviesPipeline(object):
    def process_item(self, item, spider):
        print(item)
        return item
```

（6）启动爬虫。可以在终端中用命令运行爬虫，也可以专门写一个文件，用来启动爬虫。其主要代码如下，这里 split（ ）的作用是把字符串转换为列表形式。

```
from scrapy import cmdline
cmdline.execute('scrapy crawl txms'.split())
```

代码运行结果如图 2-5 所示。

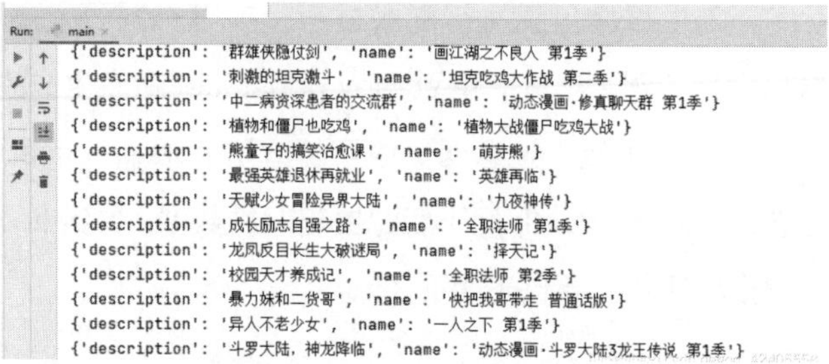

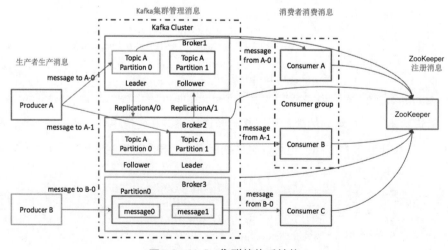

图2-5　网络视频信息爬取结果

2.5.2　流数据采集Kafka

Kafka 最初由领英公司基于 Scala 和 Java 语言开发，现已成为 Apache 的顶级开源项目。Kafka 是一种高吞吐量的分布式消息发布和订阅系统，同时还是一个流行的分布式流处理平台，它可以与 Storm、Spark、Flink 等大数据处理系统集成，广泛应用于日志收集、消息系统、用户活动跟踪、流数据处理等场景。

Kafka 的主要特点表现为快速的数据访问和消息持久化能力，在廉价机器上也能保证高吞吐率，支持消息分区和分布式消费，能同时支持离线数据和实时数据处理，以及方便进行在线水平扩展。Kafka 集群的体系结构如图 2-6 所示，各个组件的作用介绍如下。

图2-6　Kafka集群的体系结构

（1）Broker：Kafka 服务器，连接生产者客户端和消费者客户端，负责消息的中转、持久化和备份。若干个 Broker 组成一个集群。

（2）Topic（主题）：发布到 Kafka 的消息以主题来分类，每一个主题都对应一个消息队列。Kafka 集群能够同时负责多个主题的分发。

（3）Partition（分区）：一个主题可以有多个分区，这些分区可以作为并行处理的单元，从而使 Kafka 有能力高效地处理大量数据。

（4）Producer（生产者）：负责生产消息，向它选择的主题发布数据。生产者可以选择分配某个主题到哪个分区上。

（5）Consumer：负责消费消息，是向 Broker 读取消息的客户端。

（6）ZooKeeper：在 Kafka 集群中负责管理集群元数据、控制器选举等操作的分布式协调器。

下载并安装 Kafka，启动服务前修改 Kafka 监听地址和端口为 localhost:9092。使用 Kafka 采集和消费数据的具体过程如下。

1. 创建主题

（1）创建名为 test 的 Topic，命令如下。

```
kafka-topics.sh --create --zookeeper localhost:2181 --replica-
tion-factor 1 --partitions 1 --topic test
```

（2）查看 Kafka 中主题的列表，命令如下。

```
kafka-topics.sh --list --zookeeper 127.0.0.1:2181
```

2. Producer生产数据

（1）启动 Producer，并向已经创建的名为 test 的主题发送数据，命令如下。

```
kafka-console-producer.sh --broker-list localhost:9092 --topic test
```

（2）向 test 的主题发送下列数据。

```
U001 lily kafka browse_action
```

3. Consumer消费数据

（1）启动 Consumer，并消费名为 test 的主题中的数据，命令如下。

```
kafka-console-consumer.sh --bootstrap-server localhost:9092 --topic
test --from-beginning
```

（2）Consumer 消费数据，命令如下。

```
U001 lily kafka browse_action
```

2.5.3 ETL工具Kettle

ETL 是指从原系统中抽取数据，根据实际需求对数据进行转换，并把转换结果加载到目标数据存储中，常用于数据仓库中的数据采集和预处理。要获取并向数据仓库加载数据量大、种类多的数据，一般需要使用专业的 ETL 工具。常用的 ETL 工具包括 DataStage、Kettle、DataPipeline、Informatica 等。

IBM 公司的 DataStage 是一个功能强大且可扩展的 ETL 平台，可在本地和云环境中近乎实时地集成各个系统中的复杂异构信息。DataPipeline 是企业级一站式数据融合平台，提供高性能、安全可靠、批流一体的数据融合与管理服务，整合了数据质量分析、质量校验、质量监控等多方面特性，彻底解决数据孤岛和数据定义进化的问题。Informatica 是全球领先的专业的数据管理软件提供商，其数据集成平台主要包括 PowerCenter 和 PowerExchange 两大产品，凭借其高性能、高可扩展的特点，支持多种数据源和各种企业级数据集成计划，可以实现数据的访问、发现、清洗、集成与交付，以提高企业运营效率并降低运营成本。

Kettle 是使用 Java 编写的开源 ETL 工具，可以跨平台运行，具有插件架构扩展性好、流程式设计方便易用、支持全面的数据访问、数据抽取高效稳定等特点。Kettle 家族包括 Spoon、Pan、Chef、Kitchen 四大工具，Spoon 允许用户通过图形界面设计 ETL 转换过程；Pan 是一个后台运行的程序，没有图形界面，其允许用户批量运行由 Spoon 设计的 ETL 转换；Chef 是通过 GUI（图形用户界面）进行作业设计的工具，允许用户创建作业（job）；Kitchen 也是一个后台运行的程序，一般在自动调度时借助 Kettle 内置命令"kitchen"调用调试成功的作业，其允许用户批量使用由 Chef 设计的作业。

接下来以开源软件 Kettle 为例，分步介绍其在数据抽取和迁移中的应用，重点演示从 FTP（文件传输协议）下载文本文件，并插入数据库的过程。本例主要实现定时从远程 FTP 服务器批量下载文件到本地，然后根据文件类型用特定方式把数据导入数据库。这里通过变量配置 FTP 信息，在 kettle.properties 文件里配置以下全局变量。

```
FtpIp=172.16.64.16
FtpPort=21
FtpSourceRootPath=D:\\local_ftp_source
FtpTargetRootPath=D:\\local_ftp_target
```

因为 FTP 下载是一个作业（job），一些路径信息的设置需要转换，所以需要串联配置、转换和作业，大致步骤如下。

（1）新建一个转换，设置远程 FTP 服务器的目录，保存为 demo_get_url。首先从"输入"

里拖进来"生成记录"控件，然后通过"JavaScript 代码"返回目录路径字符串，最后把该路径设置为变量，如图 2-7 所示。

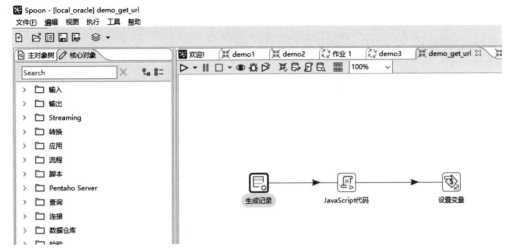

图2-7　新建转换

（2）设置"生成记录"控件属性，把限制条数改为 1 条，如图 2-8 所示。

图2-8　设置"生成记录"控件属性

（3）设置"JavaScript 代码"控件属性，最终返回一个或者多个目录的名称变量，如图 2-9和图 2-10 所示。这里的目录是年月日分开的目录，FTP 服务器是本地测试的，所以 FTP 目录也在本地。

图2-9　设置JavaScript控制属性

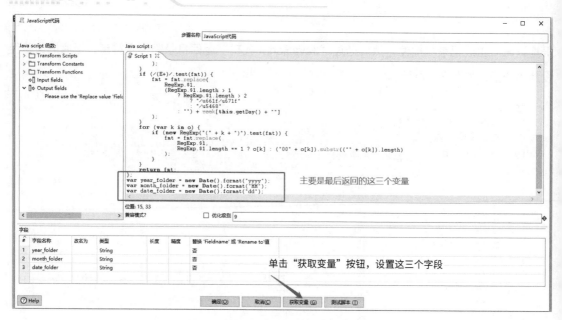

图2-10 设置"设置变量"控件属性

（4）把刚才的年月日设置为变量，供同作业下的下个转换使用，如图2-11所示。

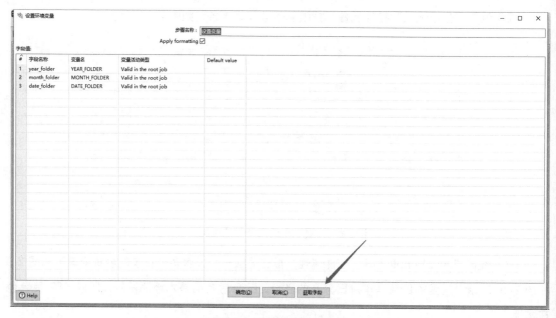

图2-11 设置年月日为变量

到这里，FTP服务器的目录即设置完成。下面开始设置FTP下载。

（5）创建FTP下载作业。由于"转换"下面的输入控件不能直接下载FTP文件，因此需要新建一个作业，拖入开始和结束节点"start""成功"，然后从文件传输目录拖入"FTP下载"控件，并将三个节点进行连线。双击"FTP下载"节点，设置FTP服务器信息、IP端口和用户名密码，如图2-12所示。单击右下角"测试连接"按钮，查看是否连接成功。

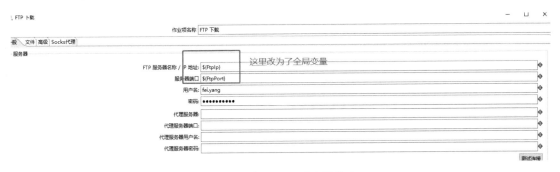

图2-12　设置FTP服务器信息

选择"文件"选项卡，设置要下载的文件路径信息，"远程"一栏主要是根目录信息和文件名称，这里主要为下载文本文件；"本地"一栏设置要下载到的目录，如图 2-13 所示。当前下载作业设置好后，保存为 demo_ftp_downlaod。

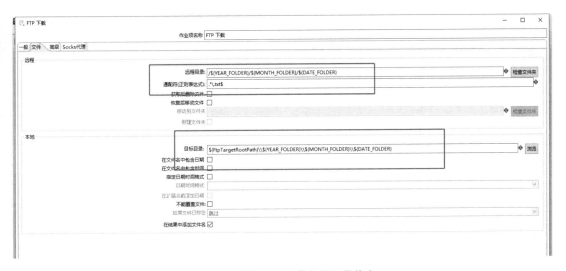

图2-13　设置FTP下载文件目录信息

（6）新建一个转换，实现从文本文件到表的输出。这里需要创建名称为 BOOK 的数据库表，将下载到本地的文本文件数据导入数据库表 BOOK，命令为"create table Book1"。在 Spoon 中新建一个转换，从左侧核心对象选项中找到"文本文件输入"控件，拖入右侧空白区域；拖入"表输出"控件，按 Shift 键将两个控件连线，如图 2-14 所示，最后将转换名称修改为 demo1，这中间还需要对两个控件的属性进行设置，在"文本文件输入"的"文件"选项中填写文件路径，在"内容"选项中设置文件类型和分隔符，在"字段"选项中设置字段。对"表输出"属性进行设置，主要是选择目标表、获取数据库字段、把文本文件和数据库字段进行映射。

（7）新建一个作业 demo_ftp_insert_db，把上面几个基本步骤串联起来，如图 2-15 所示。

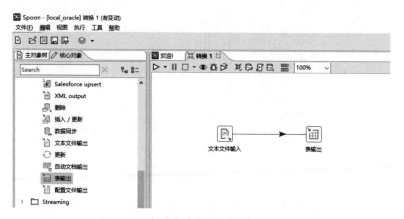

图2-14　创建文本文件到表输出的转换

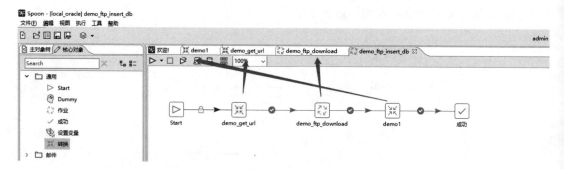

图2-15　完整作业流程

运行作业之前需要把数据库表清空，执行当前的作业。如果执行顺利，则各控件及其连线会显示对勾符号，结果如图 2-16 所示。

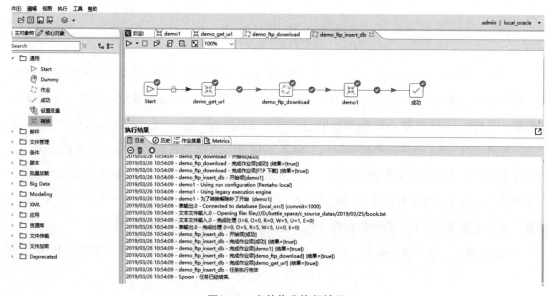

图2-16　当前作业执行结果

查看本地下载目录，可以看到从 FTP 服务器下载的名为 book 的文本文件，如图 2-17 所示。

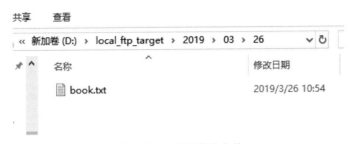

图2-17　查看下载的文件

查看数据库，可以看到文本文件中的数据已插入数据库表 BOOK，如图 2-18 所示。

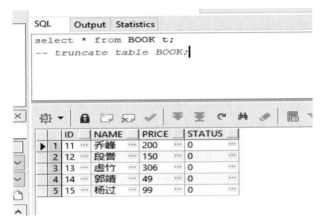

图2-18　查看数据库

2.6　本章小结

数据采集与预处理是大数据处理流程的第一步，能否获取全面、高质量的数据是决定后续数据分析结果是否准确的关键。本章首先介绍了数据采集和预处理的概念和作用，对大数据的主要来源及其特点进行了分析；其次根据数据的性质、类型和应用特点详细介绍了四类大数据采集方法：数据库采集、系统日志采集、网络数据采集和其他数据采集，并对每类采集方法的典型工具进行了介绍；再次对缺失数据、噪声数据、异常数据、冗余数据、不规范数据的处理方法进行了详细介绍，为获得高质量的数据分析和挖掘结果提供了保证；最后通过实例介绍了典型数据采集与预处理工具的使用方法，以少代码甚至无代码的方式实现了网络信息爬取、流数据采集和消费、数据抽取和迁移等具体应用。

2.7 习题

1. 大数据的主要来源有哪些?

2. 大数据的主要数据采集方法有哪几类?

3. 常用的日志采集系统有哪些? 各有什么特点?

4. 结合典型的网络爬虫系统,简述网络爬虫的工作流程。

5. 数据预处理的主要目的和内容是什么?

6. 想实现对一个城市空气污染的检测和预测,请思考下述问题:

   (1)需要哪些数据?

   (2)这些数据来源于何处?

   (3)这些数据应当以何种方式采集?

   (4)这些数据应当经过何种预处理?

   (5)如何集成这些数据以支持空气污染检测和预测的任务?

7. 数据清洗需要清洗哪些数据? 应使用什么方法?

8. 数据集成过程中需要处理的问题有哪些?

9. 阐述常用的 ETL 工具及其特点。

第3章

CHAPTER 3

大数据存储与管理技术

在大数据时代，大量针对大数据的存储和管理技术应运而生，如分布式文件系统、非关系型数据库、针对大数据的查询系统等。本章将介绍传统数据存储与管理技术，如文件系统、关系型数据库、数据仓库等；并以HDFS为例，介绍分布式文件系统的体系结构和读写流程；同时介绍非关系型数据库技术和大数据查询系统相关知识。

3.1 大数据存储与管理技术概述

传统数据存储与管理技术主要涉及文件系统、传统关系型数据库和数据仓库等。

文件系统是操作系统中负责管理和存储文件信息的系统，由三部分组成：文件系统的接口、对对象进行操作和管理的软件集合、对象及属性。文件系统的功能包括管理和调度文件的存储空间，提供文件的逻辑结构、物理结构和存储方法，实现文件从标识到实际地址的映射，实现文件的控制操作和存取操作，实现文件信息的共享并提供可靠的文件保密和保护措施。文件系统是软件系统的一部分，它的存在使得应用可以方便地使用抽象命名的数据对象和大小可变的空间。

传统关系型数据库是一种基于关系模型的数据库，关系模型可以映射现实世界中的实体关系。传统关系型数据库分为两类：一类是桌面数据库，如 Access、FoxPro 和 dBase 等；另一类是客户 / 服务器数据库，如 SQL Server、Oracle 和 Sybase 等。一般而言，桌面数据库用于小型的、单机的应用程序，它不需要网络和服务器，实现起来比较方便，但它只提供数据的存取功能。客户 / 服务器数据库主要用于大型的、多用户的数据库管理系统，应用程序包括两部分：一部分驻留在客户机上，用于向用户显示信息及实现与用户的交互；另一部分留在服务器中，用来实现对数据库的操作和对数据的计算处理。

数据仓库是一个面向主题的、集成的、相对稳定且随时间变化的数据集合，用于支持管理决策。数据仓库具备如下四个特点。

（1）面向主题：数据仓库中的数据按照一定的主题域进行组织。主题是用户使用数据仓库进行决策时关心的重点，一个主题通常与多个操作型信息系统相关。

（2）集成：数据仓库的数据是多种操作型数据，通过抽取、加工与集成等操作才能存入数据仓库。

（3）相对稳定：数据仓库是不可更新的，因为数据仓库的主要目的是为决策分析提供数据，所涉及的操作主要是数据查询，一旦某个数据进入数据仓库，一般情况下将被长期保留，即数据仓库中一般有大量的查询操作，而修改和删除操作很少，通常只需要通过定期加载、刷新来更新数据。

（4）随时间变化：数据仓库是不同时间的数据集合，记录了从过去某一时间点到当前的各个阶段的信息。

3.2 分布式文件系统

随着数据规模的扩大，单机资源难以满足应用需求，需要整合多台机器资源以提供更大的存储容量和良好的并发访问性能，分布式文件系统应运而生。分布式文件系统将物理资源分布式部署在利用计算机网络连接起来的节点上，以提供文件系统管理功能的存储系统。

分布式文件系统的系统架构通常采用客户端 / 服务器模式，客户端负责发起请求；服务器负责存储数据和元数据，处理客户端的请求并返回请求结果。由于分布式文件系统规模很大，因此目前分布式文件系统将服务器集群划分为元数据服务器集群和数据服务器集群。其中，元数据服务器负责管理整个文件系统的元数据，如文件系统的目录结构、文件的基本属性、文件的操作权限及文件数据的索引和布局信息等；数据服务器负责存储文件内容。

分布式文件系统的访问流程：客户端要访问一个文件的内容，首先需要与元数据服务器交互，以获取文件的元数据信息；通过元数据中记录的数据索引信息，再和数据服务器交互进行 I/O 传输，从而获取文件的数据。

分布式文件系统放宽了对物理资源的位置要求，并且由于其支持海量的数据存储、良好的数据访问性能、高可靠性和系统可扩展性，被广泛应用在诸多领域。目前主要的分布式文件系统包括 HDFS、Ceph、GlusterFS、GridFS、MogileFS、TFS、FastDFS 等，其 中 HDFS、Ceph、GlusterFS 应用较广，下面进行具体介绍。

3.2.1　HDFS

Hadoop 是开源分布式计算平台，其核心设计是 HDFS 和 MapReduce，HDFS 为海量数据提供存储服务，MapReduce 则为海量数据提供分布式计算。Hadoop 项目包括以下模块。

（1）Hadoop Common：用以支持 Hadoop 其他模块的通用组件，如 Java 库。这些库提供文件系统和操作系统级抽象，并包含启动 Hadoop 所需的 Java 文件和脚本。

（2）Hadoop Distributed File System（HDFS™）：分布式文件系统，是类似 GFS 的开源版本，提供对应用程序数据的高吞吐量访问。

（3）Hadoop YARN：作业调度和集群资源管理框架

（4）Hadoop MapReduce：大规模数据并行处理框架。

（5）Hadoop Ozon：一个分布式的、多副本的对象存储系统。

本节重点介绍 HDFS。

1. HDFS体系结构

HDFS 采用主 / 从架构构建分布式存储集群进而存储和管理数据，这种架构由一个主节点和若干个从数据节点组成，主节点为名称节点，从数据节点为数据节点。同时，为了尽可能降低因名称节点宕机崩溃或其他单点故障导致的丢失数据风险，HDFS 集群中通常还存在一个备用管理节点。在 HDFS 集群的外部，还存在各种形式的用于读写 HDFS 数据的客户端，它们可以是访问 HDFS 的一段程序，也可以是 HDFS Shell 命令。HDFS 的体系结构如图 3-1 所示。下面对 HDFS 体系结构中的各个组成部分进行详细介绍。

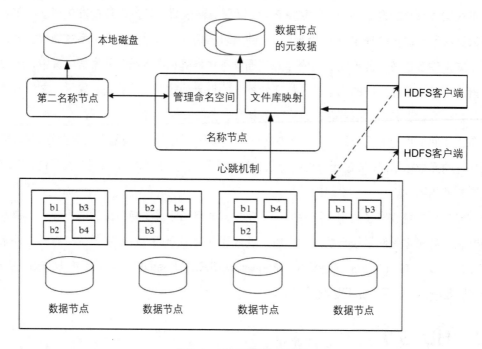

图3-1　HDFS的体系结构

（1）名称节点：在 HDFS 的主 / 从架构中承担着管理者的角色，负责管理和维护整个 HDFS 文件系统的命名空间。HDFS 中的命名空间采用"目录 / 子目录 / 文件名"的命名格式。同时，名称节点还要维护文件系统中的目录树及文件的元数据和索引目录，这里的元数据主要指文件与文件块的映射关系及文件块与数据节点位置的映射关系。当客户端发起数据访问请求时，名称节点便可以通过检索元数据获得数据所在的数据节点信息并告知客户端，促成数据访问的后续操作。

名称节点管理维护的上述一系列元数据以命名空间镜像和编辑日志的形式存储于文件系统。其中，命名空间镜像保存着最近某个时刻 HDFS 集群中的所有元数据信息，会根据预设的刷新间隔定时更新到最新状态，这些状态点称为持久性检查点；编辑日志记录了该时刻之后的所有改动，即元数据的变化。通过组合命名空间镜像和编辑日志中的记录，可以完整地反映当前 HDFS 文件系统的状态，为数据恢复提供了可能，为高可用性提供了保障。

（2）第二名称节点：是名称节点的备用节点，在 HDFS 中充当备用管理者。第二名称节点中也会维护一组命名空间镜像和编辑日志，它们都是从名称节点同步而来，所以第二名称节点中的元数据总是会滞后于名称节点。

第二名称节点中会周期性地触发合并程序，将编辑日志和命名空间镜像进行合并，以保证编辑日志的体积不会太庞大。因此，第二名称节点会存储周期性合并过的镜像，当名称节点出现宕机或者崩溃时，第二名称节点会替补为名称节点，其上存储的镜像将会作为替补供 HDFS 文件系统使用。由于元数据存在滞后性，因此这种数据恢复的方式无法避免地会丢失少量数据，但能最大限度地减少数据丢失。

（3）数据节点：在 HDFS 的主/从架构中承担着工作者的角色。它是 HDFS 的基本存储单元，用于直接存储文件块。同时，数据节点负责处理 HDFS 客户端发起的数据读/写请求；还会周期性地上报心跳信息给名称节点，以便及时更新文件块信息列表。

在数据节点中，一个文件实际上是被划分为一个或多个文件块存储在磁盘中的。在 HDFS 中，文件块是最小的存储单位，默认为 64MB，文件系统每次可操作的数据量必须是文件块大小的整数倍。数据节点存储数据时采用了多副本机制，每个文件块默认存储三份副本，这种机制可以保证文件系统的容错性，减少节点的单点故障带来的影响。

（4）HDFS 客户端：是用户与 HDFS 集群进行交互的载体。HDFS 客户端的形式多种多样，包括命令行接口、Thrift 接口、Java 接口、C 语言库及 Web 接口等。借助 HDFS 客户端，用户可以快捷地与 HDFS 进行交互，方便对 HDFS 集群进行读/写数据操作。

2. 读取流程

在 HDFS 分布式文件系统中，读取一个文件时，需要由 HDFS 客户端主动发起请求，同时还需要 名称节点、数据节点共同配合，如图 3-2 所示。

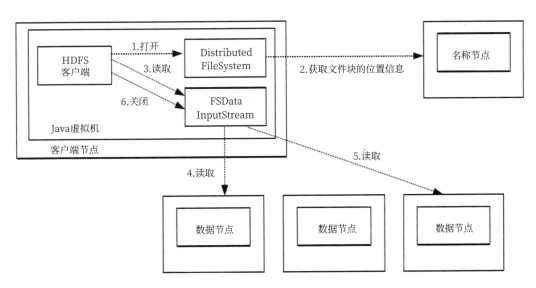

图3-2　HDFS读取文件流程

（1）HDFS 客户端实例化一个 Distributed FileSystem 类的对象 FileSystem，FileSystem 对象是与待读取文件相关联的，接着调用 FileSystem 的 open() 方法，打开 FileSystem

对象。

（2）FileSystem 通过调用 ClientProtocol 接口向名称节点发起 RPC（远程过程调用）getBlockLocations() 方法，以获取待读取文件的若干个文件块位置信息。名称节点通过检索元数据得到待读取文件的文件块的多个副本的位置信息列表，并返回给 FileSystem。

（3）获取到文件块的位置信息列表后，HDFS 客户端实例化一个 FSDataInputStream 类的对象 InputStream，接着调用 InputStream 的 read() 方法令其读取该文件第一个文件块的数据。

（4）InputStream 根据文件块的位置信息列表及副本选择策略，可以选出最优的数据节点，并和该数据节点建立连接。接着调用 DataTransferProtocol 流式接口，完成第一个文件块的读取。

（5）当读取完第一个文件块的数据后，如果当前文件还有文件块未被读取，InputStream 会关闭当前连接并查找下一个文件块对应的最优数据节点，然后建立连接读取数据。若有必要，FileSystem 可能会多次调用 getBlockLocations() 方法获取文件块的位置信息列表。如此重复，直至该文件所有文件块都读取完成。

（6）文件的所有文件块读取完毕之后，HDFS 客户端调用 close() 方法关闭 InputStream。至此，读取文件的过程结束。

3. HDFS写流程

向 HDFS 写入一个文件通常也是由 HDFS 客户端主动发起请求，同时还需要名称节点、数据节点共同配合协作，如图 3-3 所示。

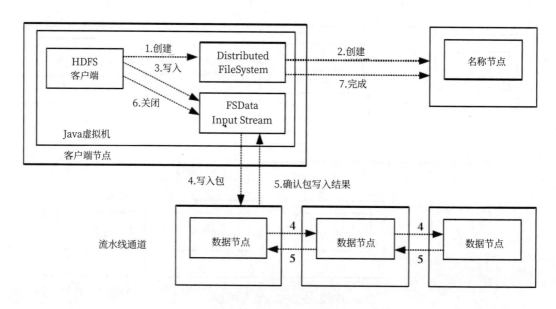

图3-3　HDFS写文件流程

（1）HDFS 客户端实例化一个 Distributed FileSystem 类的对象 FileSystem，FileSystem 对

象是与待写入文件相关联的，接着调用 FileSystem 的 create() 方法，提交创建一个新文件的请求。

（2）FileSystem 使用 RPC 连接 NameNode，请求在文件系统的命名空间中创建一个新的文件；NameNode 首先确定文件原先不存在，并且客户端有创建文件的权限，然后创建新文件；此时该文件并未与任何 DataNode 相关联。

（3）完成新文件创建后，HDFS 客户端实例化一个 FSData OutputStream 类的对象 OutputStream，接着调用 OutputStream 的 write() 方法，进行文件写入的相关操作。OutputStream 会将文件分割成一个个的文件包，并将它们放入数据队列。Data Streamer 类将这些文件包放入数据流中，并请求名称节点为它们分配合适的数据节点。

（4）当选定用来存储文件包的数据节点后，将这些数据节点排列成一个管道。DataStreamer 将文件包按数据队列顺序输出到管道里的第一个数据节点并写入第一个数据节点，接着由第一个数据节点传输给第二个数据节点并写入第二个数据节点，依此类推，直至传输到最后一个数据节点并写入。

（5）当最后一个数据节点写入完成后，最后一个数据节点会返回一个确认信息 ack packet，表明写入成功。该信息会逆序地传回第一个数据节点，进而继续传回 HDFS 客户端中的 OutputStream。

（6）当 HDFS 客户端收到来自所有文件包的确认信息后，表明当前文件写入完成，调用 OutputStream 的 close() 方法关闭输出流。

（7）最后，FileSystem 告知名称节点当前文件已经写入成功。

总体来看，HDFS 的主要特性可归纳为以下几点。

（1）超大规模存储能力。HDFS 基于其分布式的特性，能够快速方便地进行横向扩展以提升存储容量，支持随着数据规模的增加而不断增大集群系统的数据存储容量，以适应数据的规模扩展，理论上，HDFS 可以无限扩张。同时，HDFS 凭借其良好的数据分片设计，支持对"超大文件"的存储，可以非常友好地存储 GB 级、TB 级甚至 PB 级的单个文件。

（2）高容错性。HDFS 采用了多副本技术对数据进行存储，同一数据在 HDFS 集群的不同机架上存在多个副本，这样的设计保证了即使在集群中部分服务器发生故障，数据也不会轻易丢失。从 Hadoop 3.0 版本开始，HDFS 中引入了纠删码技术，这是一种用于恢复数据的技术。引入纠删码技术之后，即使不采用多副本存储策略也可以仅依赖纠删码算法达到容错的效果，保证了分布式文件系统中数据的可靠性。

（3）流式数据访问。批处理任务在大数据场景下非常常见，其往往会连续读取某一个数据集的大部分甚至全部数据，这样的读取方式称为流式数据读取。为了提高对大规模数据连续访问的效率，HDFS 对流式数据读取操作进行了优化，确保了整个数据集能够被快速地按顺序读取。

HDFS 设计之初便是基于流数据的访问模式而开发的，适用于"一次写入、多次读取"的存储应用场景，即数据集一旦被存储到 HDFS 中，就会以副本的形式被分发到多个数据存储节点。这样的设计既可以保证数据的安全性和存储的可靠性，也可以灵活地响应各种各样的大数据分析计算任务请求。同时，为了简化数据一致性模型，HDFS 不支持多用户写入同一文件，也不支持任意地修改文件。由于修改文件的时延高、开销大、成本高，HDFS 并不适合应用于私有网盘、共享文件服务器等场景。

4. 层次型文件组织结构

HDFS 支持传统的层次型文件组织结构。用户或应用程序可以创建目录，并将文件保存在这些目录里。文件系统命名空间的层次结构和大多数现有的文件系统类似，用户可以创建、删除、移动或重命名文件。当前，HDFS 不支持用户磁盘配额和访问权限控制，也不支持硬链接和软链接。

名称节点负责维护文件系统的命名空间，任何对文件系统命名空间或属性的修改都将被名称节点记录下来。应用程序可以设置 HDFS 保存的文件副本数目。文件副本数目称为文件副本系数，该信息也是由名称节点保存的。

5. 支持数据复制

HDFS 能够在一个大集群中跨机器可靠地存储超大文件，其将每个文件存储成一系列的文件块，除了最后一个外，所有的文件块都是同样大小的。为了容错，文件的所有文件块都会有副本。每个文件的文件块大小和副本系数都是可配置的，应用程序可以指定某个文件的副本数目。副本系数可以在文件创建时指定，也可以在之后更改。HDFS 中的文件都是一次性写入的，并且严格要求在任何时候只能有一个写入者。

副本的存放是 HDFS 可靠性和性能的关键。优化的副本存放策略是 HDFS 区分于其他大部分分布式文件系统的重要特性。HDFS 采用一种称为机架感知的策略改进数据的可靠性、可用性和网络带宽的利用率。通过机架感知，名称节点可以确定每个数据节点所属的机架 ID。在大多数情况下，副本系数是 3，HDFS 的存放策略是将第一个副本存放在本地机架的节点上，第二个副本放在同一机架的另一个节点上，最后一个副本放在不同机架的节点上。这种策略减少了机架间的数据传输，提高了写操作的效率。机架的错误远远比节点的错误少，所以该策略不会影响数据的可靠性和可用性。与此同时，因为文件块只放在两个（不是三个）不同的机架上，所以此策略减少了读取数据时需要的网络传输总带宽。

6. 支持阶段操作

客户端创建文件的请求其实并没有立即发送给名称节点。事实上，HDFS 客户端会先将文件数据缓存到本地的一个临时文件，应用程序的写操作被透明地重定向到该临时文件。当该临时文件累积的数据量超过一个文件块的大小时，客户端才会联系名称节点。名称节点将文件名插入文件系统的层次结构，并且分配一个文件块给它，同时返回数据节点的标识符和目标文件块给客户端，客户端会将这块数据从本地临时文件上传到指定的数据节点。当文件关闭时，临时文件中剩余的没有上传的数据也会传输到指定的数据节点。客户端告诉名称节点文件已经关闭，此时名称节点才将文件创建操作提交到日志里进行存储。如果名称节点在文件关闭前宕机了，该文件将丢失。

3.2.2　Ceph

Ceph 分布式文件系统的重要组件包括：客户端（Client）、元数据服务器（MDS）集群、OSD 集群、监视器（MONs）集群。Client 向服务器集群发起请求；MDS 集群主要用来管理存储数据的文件目录结构；OSD 集群用来存储所有的数据，同时还具有副本数据处理及平衡数据分布等功能；MONs 集群对整个系统的状态进行监控，维护整个系统的 CRUSH Map。CRUSH Map 包含 OSD 列表、把设备汇聚为物理位置的"桶"列表和指示 CRUSH 算法如何复制存储池里的数据的规则列表。CRUSH Map 相当于 Ceph 集群的一张数据分布地图，CRUSH 算法通过该地图知道数据应该如何分布。

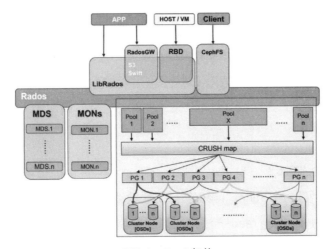

图3-4　Ceph架构

1. 系统架构

Ceph 分布式文件系统的重要组件包括：客户端（Client），向服务器集群发起请求，遵循 POSIX（可移植操作系统接口）标准的文件系统接口；元数据服务器（MDS）集群，主要用来管理存储数据的文件目录结构；OSD 集群用来存储所有的数据，同时还具有副本数据处理及平衡数据分布等功能；监视器 Monitor（MON）集群对整个集群的状态进行监控，维护整个系统的 CrushMap。整个 Ceph 系统的功能是上述组件通过网络通信来实现的。

（1）MDS 主要提供元数据服务，Ceph MDS 的功能是由 MDS 守护程序来完成的，它允许客户端挂载遵循 POSIX 标准的任何大小的文件系统。MDS 不会向客户端提供任何数据，Ceph 集群的数据服务是由 OSD 来提供的。MDS 主要用来提供 Ceph 分布式文件系统的高速缓存，大大减少了数据的读写操作。MDS 并不存储本地数据，这在某些情况下非常有用，如果 MDS 守护程序崩溃，则可以在任何具有集群访问权限的服务器上重新启动 MDS。

（2）Ceph 客户端提供了很多访问接口，包括 RADOS 提供的 librados、基于 librados 封装的块设备接口及文件系统接口等，这些访问接口是访问 Ceph 存储集群的重要组件。

（3）OSD 是整个 Ceph 集群中非常重要的组成部分，主要负责实际数据的存储。每个 OSD 负责管理一个物理磁盘驱动器，以对象的形式组织实际数据。Ceph 的主要存储功能由 OSD 守护程序实现。Ceph 集群中包括很多 OSD，对于任何的数据读写操作，客户端首先会向 MON 节点请求整个集群的映射图信息，通过映射图信息就可以获取数据的实际存储位置；之后客户端就可以直接和相应的 OSD 进行 I/O 操作，不会再受到 MON 节点的干预，减少了不必要的网络开销，这使得数据的读写过程变得更快。与其他存储解决方案相比，Ceph 的这种数据存储及检索机制非常独特。

（4）MON 通过存储集群配置信息、对等节点的状态及集群映射图等重要信息来对整个集群健康状况进行监控。其中，集群映射图是 MON 最为重要的一部分，包括监视器映射图、对象存储设备映射图、放置组映射图、CRUSH 规则映射图及元数据服务器映射图。MON 并不会存储和保留数据给客户端，主要是对集群映射图进行更新。客户端和其他集群节点将会定期检查最新的集群映射图。

2. 读写流程

RADOS 客户端的读对象流程首先从 librados.cc 文件提供的读接口 rados_read 开始。RADOS 客户端提供的读接口 rados_read 收到读数据请求后，首先会使用 librados.cc 文件提供的类 IoCtxImpl 中的 operate_read 方法将读请求封装成一个操作，然后使用 Objecter.cc 文件提供的类 Objecter 对该操作进行一系列处理，最后通过 SimpleMessenger.h 文件提供的 SimpleMessenger 类的 send_message 方法将读操作封装成消息发送到 RADOS 集群。

Ceph 写文件流程包括 RADOS 客户端的写对象流程和 OSD 端的写消息处理流程。RADOS 客户端的写对象流程从 librados.cc 文件提供的接口 rados_write_full 开始。RADOS 客户端提供的写接口 rados_write_full 收到写数据请求后，首先会使用 librados.cc 文件提供的类 IoCtxImpl 中的 wirte_full 方法完成数据写入，然后使用 operate 方法将写请求封装成一个操作，并使用 Objecter.cc 文件提供的类 Objecter 对该操作进行一系列处理，最后通过 SimpleMessenger. 文件提供的 SimpleMessenger 类的 send_message 方法将写操作封装成消息发送到 RADOS 集群。

由于 Ceph 无中心化，因此不会出现管理大量的元数据信息造成的主服务器性能瓶颈问题。但是，存储海量的小文件时，Ceph 的存储性能表现不佳，主要包括两方面的原因：第一，小文件访问效率较低，Ceph 系统访问数据时首先会从元数据集群获取文件存储对象的存储位置，然后向相应的数据存储节点服务器发起数据访问请求，该过程会造成两次客户端访问 I/O。因此，面对海量小文件的读写请求时，大量的访问 I/O 会造成整个系统性能下降；第二，Ceph 系统在存储海量小文件时会产生无数的对象，在高并发读写场景下会发生大量的 OSD 寻址计算，浪费大量的 CPU，这也是影响系统存储性能的重要原因。

3.2.3 GlusterFS

GlusterFS 是 Z Research 公司开发的一个开源的分布式文件系统，被广泛用于云存储系统的开发。GlusterFS 的主要设计目标就是弹性存储、横向线性扩展及高可靠性。

弹性存储是指企业可根据业务需要灵活地增加或缩减数据存储及增删存储池中的资源，而不需要中断系统运行。GlusterFS 允许动态增删数据卷、扩展或缩减数据卷、增删存储服务器等，不影响系统正常运行和业务服务。GlusterFS 主要通过存储虚拟化技术和逻辑卷管理实现这一设计目标。

横向线性扩展（Scale-Out）是指通过增加存储节点提升整个系统的容量或性能，这一扩展机制是目前的存储技术热点，能有效应对容量、性能等存储需求；相对而言，纵向扩展（Scale-Up）旨在提高单个节点的存储容量或性能，往往存在理论上或物理上的各种限制，从而无法满足存储需求。GlusterFS 利用三种基本技术获得横向线性扩展能力：①消除元数据服务；②高效数据分布，获得扩展性和可靠性；③通过完全分布式架构的并行化获得性能的最大化。

此外，GlusterFS 从设计之初就将可靠性纳入核心设计，并采用了多种技术来实现这一设计目标：第一，它假设故障是正常事件，包括硬件、磁盘、网络故障及管理员误操作造成的数据损坏等，GlusterFS 支持自动复制和自动修复功能来保证数据可靠性，不需要管理员的干预；第二，GlusterFS 利用了底层 Ext3/Zfs 等磁盘文件系统的日志功能来提供一定的数据可靠性；第三，GlusterFS 是无元数据服务器设计，不需要元数据的同步或者一致性维护，很大程度上降低了系统复杂性，不仅提高了性能，还大大提高了系统可靠性。

下面介绍 GlusterFS 系统架构和特点。

1. 系统架构

GlusterFS 主要由客户端、服务器端及 NFS/Samba 存储网关组成，如图 3-5 所示。GlusterFS 采用完全对等式的分布式架构，而不是中心式分布式架构，所有节点在集群中都是相互对等的，集群的所有配置信息都存储在各个节点上，并通过网络互相同步。

GlusterFS 与传统分布式存储最大的区别是没有采用元数据存储数据的位置信息，而是使用哈希算法智能定位数据的存储位置。哈希算法定位数据的方式没有查询元数据那么大的性能开销，使数据的访问可以完全并行，大幅提高系统的性能。

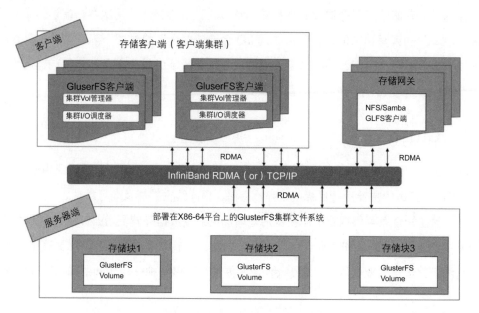

图3-5　GlusterFS系统架构

GlusterFS 可以使用 TCP/IP 或者 InfiniBand RDMA 高速网络将不同的 X86 系统的机器连接成一个支持 PB 级存储容量的文件系统。客户端可以通过原生的 GlusterFS 协议访问数据，同时在没有安装客户端的机器上，GlusterFS 也支持使用 Samba 等标准协议访问数据。

2. 技术特点

（1）完全软件实现。

GlusterFS 认为存储是软件问题，不能把用户局限于使用特定的供应商或硬件配置来解决存储问题。GlusterFS 采用开放式设计，广泛支持工业标准的存储、网络和计算机设备，而非与定制化的专用硬件设备捆绑。对于商业客户，GlusterFS 可以以虚拟装置的形式交付，也可以与虚拟机容器打包。

开源社区中，GlusterFS 被大量部署在基于廉价闲置硬件的各种操作系统上，构成集中的虚拟存储资源池。简而言之，GlusterFS 是开放的全软件实现，完全独立于硬件和操作系统。

（2）完整的存储操作系统栈。

GlusterFS 不仅提供了一个分布式文件系统，还提供了许多其他重要的分布式功能，如分布式内存管理、I/O 调度、软 RAID（Redundant Arrays of Independent Disks，独立磁盘冗余阵列）和自我修复等。GlusterFS 汲取了微内核架构的经验教训，借鉴了 GNU/Hurd 操作系统的设计思想，在用户空间实现了完整的存储操作系统栈。

（3）用户空间实现。

与传统的文件系统不同，GlusterFS 在用户空间实现，这使得其安装和升级特别简便，这也极大降低了普通用户基于源码修改 GlusterFS 的门槛，仅仅需要掌握通用的 C 语言程序设计技能，而不需要具备特别的内核编程经验。

（4）模块化堆栈式架构。

GlusterFS 采用模块化、堆栈式的架构，可通过灵活的配置支持高度定制化的应用环境，如大文件存储、海量小文件存储、云存储、多传输协议应用等。每个功能以模块形式实现，然后以积木方式进行简单的组合。即可实现复杂的功能。例如，Replicate 模块可实现 RAID1，Stripe 模块可实现 RAID 0，通过两者的组合可实现 RAID10 和 RAID01，同时获得高性能和高可靠性。

（5）原始数据格式存储。

GlusterFS 以原始数据格式（如 EXT3、 EXT4、 XFS、ZFS）储存数据，可实现多种数据自动修复机制。因此，系统极具弹性，离线情况下文件也可通过其他标准工具进行访问。如果用户需要从 GlusterFS 中迁移数据，不需要做任何修改即可以完全使用这些数据。

（6）无元数据服务设计。

对于横向线性扩展的存储系统而言，其最大的挑战之一就是记录数据逻辑与物理位置的映像关系，即数据元数据，可能还包括诸如属性和访问权限等信息。传统分布式存储系统使用集中式或分布式元数据服务来维护元数据，集中式元数据服务会导致单点故障和性能瓶颈问题，而分布式元数据服务存在性能负载和元数据同步一致性问题，特别是对于海量小文件的存储，元数据问题是一个非常大的挑战。

GlusterFS 独特地采用无元数据服务的设计，使用算法来定位文件，元数据和数据没有分离而是一起存储。集群中的所有存储系统服务器都可以智能地对文件数据分片进行定位，这使得数据访问完全并行化，从而实现真正的线性性能扩展。无元数据服务极大地提高了 GlusterFS 的可靠性和稳定性。

3.3 NoSQL数据库

对于结构化数据，传统的关系型数据库具有强大的数据管理能力；而对于半结构化、非结构化数据，关系型数据库就不太适用了，在此背景下，NoSQL 数据库应运而生。NoSQL 既表示不再以 SQL 为查询语言，也表示 Not Only SQL。NoSQL 的简单描述如下。

（1）构建数据模型时，不使用像关系型数据库那样固定的关系模式，NoSQL 数据库使用松散耦合型、可扩展的数据模型进行逻辑建模，如列、文档等形式。

（2）系统遵循 CAP 原理[1] 设计了跨多个节点的数据分布模型，系统具有良好的可扩展性和伸缩性，支持多数据中心和动态部署。

（3）拥有在内存及磁盘中持久化数据的能力。

（4）在数据访问时支持多种 NoSQL 接口。

NoSQL 数据库种类较多，且通常具有良好的可扩展性、良好的读 / 写性能、模型自由、高可用性等特征。下面按照存储模型分别介绍典型的 NoSQL 数据库。

3.3.1　键值数据库

键值数据库将数据存储为键值集合，键作为唯一标识符，在查询时，通过哈希函数实现键到值的映射。键和值均可以是简单对象或者复杂复合对象。与关系型数据库相比，键值数据库天生具有良好的扩展性，支持高效的大量写操作。键值数据库的缺点是无法存储结构化数据，条件查询效率低。

键值数据库可以划分为内存键值数据库和持久化键值数据库。内存键值数据库把数据保存在内存中，如 Redis；持久化键值数据库把数据保存在磁盘上，如 Berkeley DB。

Redis 是一款典型的开源键值数据库，可以用作数据库、缓存和消息中间件，支持集群、分布式、主从同步等配置，原则上可以无限扩展。Redis 还具有一定的事务功能，从而保证了高并发场景下数据的安全和一致性。Redis 并不是简单的键值存储，实际上它是一个数据结构服务器，支持不同类型的值。下列这些数据类型都可作为值的类型。

（1）字符串，这是一种最基本的 Redis 值类型。Redis 字符串是二级制安全的，如一张 JPEG 格式的图片或者一个序列化的 Ruby 对象。

（2）Lists: 按插入顺序排序的字符串元素的集合。它们基本上就是链表（Linked Lists）。

（3）Sets: 不重复且无序的字符串元素的集合。

（4）Sorted sets：有序集合。它和 Sets 类似，是字符串元素合集。与 Sets 不同的是，每个有序集合的成员都关联着一个评分，这个评分用于把有序集合中的成员从最低分到最高分排列。

（5）Hashes：是字符串 Field 和字符串值 Value 之间的映射，这和 Ruby、Python 的 Hashes 很像。

（6）Bitmaps：Bitmaps 实际上不是一种数据类型，而是定义在字符串类型上的一组操作集合，这组操作支持二进制位运算。字符串最大长度是 512MB，可与 2^{32} 个二进制位相对应，因此

1　CAP理论指的是一个分布式系统最多只能同时满足一致性（Consistency）、可用性（Availability）和分区容错性（Partition Tolerance）这三项中的两项。

可以进行位运算。位运算可分为两组，即单个位操作和多个位操作。单个位操作是一次对某一个二进制位进行操作，如将一个二进制位设置为 1 或 0，或读取某二进制位上的值。多个位操作是一次对一组二进制位进行操作，如统计值为 1 的位数等。

（7）HyperLogLog：是 Redis 的高级数据结构，是统计基数的利器。统计基数，即求一个集合中不重复的元素个数。

Redis Key 值是二进制安全的，这意味着可以用任何二进制序列作为 Key 值，从形如 foo 的简单字符串到一个 JPEG 文件的内容都可以。空字符串也是有效 Key 值。

Redis 具有如下特点。

（1）高性能：Redis 将所有数据集存储在内存中，可以在入门级 Linux 机器中每秒写（Set）11 万次，读（Get）8.1 万次。Redis 支持 Pipelining 命令，可以通过一次发送多条命令来提高吞吐率，减少通信延迟。

（2）持久化：当所有数据都存在于内存中时，可以根据自上次保存以来经过的时间和或更新次数，使用灵活的策略将更改异步保存在磁盘上。Redis 支持 AOF（Append Only File, 仅附加文件）持久化模式。

（3）数据结构：Redis 支持各种类型的数据结构，如字符串、散列、集合、列表、带有范围查询的有序集、位图、超级日志和带有半径查询的地理空间索引。

（4）原子操作：处理不同数据类型的 Redis 操作是原子操作，因此可以安全地设置健的值，或对健的值做自增运算，或添加 / 删除集合中的元素。

（5）支持的语言：Redis 支持许多语言，如 C、C++、Erlang、Go、Haskell、Java、JavaScript（Node.js）、Lua、Objective-C、Perl、PHP、Python、R、Ruby、Rust、Scala、Smalltalk 等。

（6）主 / 从复制：Redis 遵循非常简单快速的主 / 从复制原则。

（7）分片：Redis 支持分片。与其他键值存储一样，跨多个 Redis 实例分发数据集非常容易。

（8）可移植：Redis 是用 C 编写的，适用于大多数 POSIX 系统，如 Linux、BSD、Mac OS X、Solaris 等。

Redis 被用于 Twitter、GitHub、Weibo、Pinterest、Snapchat、Craigslist、DIGG、StackOverflow、Flickr。

3.3.2　列族数据库

在列族数据库中，数据存储和访问控制的基本单位是列族。列族数据库采用由很多行和列组成的表来组织数据，表中的列被分了组，称为列族，每个列族包含一组逻辑上相关的列。一个列族通常被作为一个单元进行检索或操作，每一行由多个列族组成。列族数据库的特点包括批量数据处理、容忍暂时数据不一致性、灵活的数据管理模式、随机查询、部分记录访问及高速插入和读取操作等。列族数据库可以执行聚合操作、复杂查询、多表关联、历史数据分析及时间序列数据处理。

列族数据库有 BigTable、Cassandra、HBase、 Hypertable、Cloudata 等。以 HBase 为例，其系统架构与数据模型介绍如下。

1. 系统架构

HBase 是典型的列族数据库，是 BigTable 对应的开源版本，系统架构如图 3-6 所示。

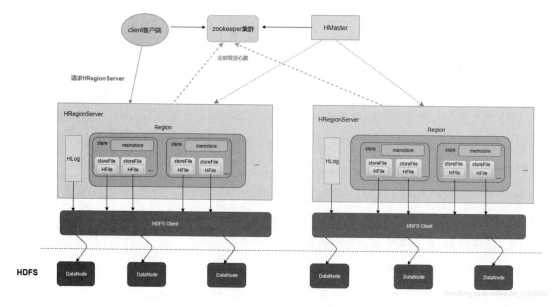

图3-6　HBase系统架构

HBase 由三个组件组成：客户端库、一台主服务器、多台 Region 服务器。其中，主服务器负责负载均衡和集群管理，以及元数据的管理操作，是轻量级服务器，不为 Region 服务器或客户端提供任何数据服务；Region 服务器负责处理客户端的读写请求，也提供拆分超过配置大小的 Region 接口；客户端直接与 Region 服务器通信，以完成数据操作。

Region 是 HBase 数据库中扩展和负载的基本单元，是以行键排序的连续存储的区间。一张表初始时只有一个 Region，用户向表中插入数据时，系统会检查表的大小，如果超过配置的最大值，系统会在中间键处将 Region 拆分为两个大致相等的子 Region。每一个 Region 只能由一台 Region 服务器加载，每一台 Region 服务器可以同时加载多个 Region。ZooKeeper 是一个可靠的、高可用的、持久化的分布式协调系统。HBase 的各个组件可以被 HDFS 和 ZooKeeper 这样的现有系统组织起来，形成一个完整的平台。

2. 数据模型

HBase 中的表是一个稀疏的、多维度的、排序的映射表，这张表的索引由行键、列族、列限定符和时间戳组成。

表（Table）：一个 HBase 表由行和列组成，列可以被划分为若干个列族。

行（Row）：在表中，每一行代表一个数据对象，每一行都以一个行键（Row Key）进行标识，行键可以是任意字符串，在 HBase 内部，行键保存为字符数组，数据存储时，按照行键的字典序排列。

列族（Column Family）：列族支持动态扩展，可以很轻松地添加一个列族或列，无须预先定义列的数量及类型。所有列均以字符串形式存储，用户可以自行进行数据类型转换。一个 HBase 表被分成许多"列族"的集合，它是基本的访问控制单元。

列限定符（Column Qualifier）：列族中的数据通过列限定符进行定位。列限定符没有特定的数据类型，以二进制字节来存储。

单元（Cell）：行键、列族和列限定符共同确定一个单元，存储在单元里的数据称为单元数据。单元数据没有特定的数据类型，以二进制字节来存储。

时间戳（Timestap）：默认每一个单元中的数据插入时都会用时间戳来进行版本标识。读取单元数据时，如果时间戳没有被指定，则默认返回最新数据；写入新的单元数据时，如果没有设置时间戳，默认用当前时间。每一个列族的单元数据的版本数量都被 HBase 单独维护，默认情况下 HBase 保留三个版本的数据。

HBase 数据模型示例如表 3-1 所示。

表3-1　HBase数据模型示例

Row Key	Column Family: {Column Qualifier:Version:Value}
00001	CustomerName: {'FN': 1383859182496:'John', 'LN': 1383859182858:'Smith', 'MN': 1383859183001:'Timothy', 'MN': 1383859182915:'T'} ContactInfo: {'EA': 1383859183030:'John.Smith@xyz.com', 'SA': 1383859183073:'1 Hadoop Lane, NY 11111'}
00002	CustomerName: {'FN': 1383859183103:'Jane', 'LN': 1383859183163:'Doe', ContactInfo: {'SA': 1383859185577:'7 HBase Ave, CA 22222'}

表 3-1 中包含两个列族，即 CustomerName 和 ContactInfo。

HBase 支持的主要数据操作有 Get、Put、Scan 和 Delete；除此之外，还有 append、batch、increment、mutateRow 等操作。

3.3.3　文档数据库

文档数据库采用的存储格式有 XML、JSON、BSON 等，数据结构松散，支持复杂的数据类型。每个文档都是一个具有嵌套属性的独立实体，用其主要标识符作为索引。文档数据库的逻辑和物理独立性强，数据和程序易于分离，不拘泥于服务某一特定的应用，可以随着用户和应用需求的变化而扩充新的应用。文档数据库适用于进行日志管理和数据分析。

MongoDB 是一款典型的文档数据库。以文档为核心，一个文档可由多组键值对组成，也可以嵌套文档，多个文档构成了一个集合，多个集合构成了一个数据库。MongoDB 采用 BSON 数据表示形式，是一种类似 JSON 文档的二进制序列化方式。MongoDB 的特点如下。

（1）面向集合存储，易于存储对象类型的数据，如一个字段中可以存入一个对象。

（2）存储在 MongoDB 数据库中的数据可以是任意的文档。

（3）能够动态查询，查询语句以 JSON 形式作为参数，可以很方便地查询内嵌文档和对象数组。

（4）支持完全索引，可以对内嵌文档创建索引。

（5）提供丰富的查询语言，便于文本搜索、地理位置信息查询。

（6）可以通过创建副本集将数据副本保存到多台服务器上。副本集的主服务器用于处理客户端请求，多个备份服务器用于保存主服务器的数据副本。如果主服务器崩溃，一个备份服务器将升级为新的主服务器；如果一台服务器宕机，可以从副本集的其他服务器上访问数据。

（7）使用高效的二进制数据存储，可以将图片文件甚至视频转换成二进制数据存储到数据库中。

（8）自动处理碎片，可以水平扩展数据库集群，动态添加服务器。

（9）支持 Python、PHP、Ruby、Java、C 等语言驱动程序，社区中也提供了对 Erlang 及 .NET 等语言的驱动程序。

（10）可通过网络访问。

3.3.4　图数据库

图数据库可存放实体及实体间的关系。实体也称"节点"，具有属性；关系又称"边"，也有属性。边具备方向性，而节点则按关系组织起来，以便在其中查找所需模式。所有关注节点间关系的应用都适合利用图数据库进行处理。

现今主要的图数据库有 GraphLab、Giraph（基于 Pregel 克隆）、Neo4j、HyperGraphDB、InfiniteGraph、Cassovary、Trinity 等。

Neo4j 是一个高性能的、完全兼容 ACID 特性（即原子性、一致性、隔离性、持久性）的、鲁棒的图数据库。它基于 Java 语言开发，有社区版和企业版两种，适用于社会网络和动态网络等场景。Neo4j 在处理复杂的网络数据时表现出很好的性能。数据以一种针对图形网络进行过优化的格式保存在磁盘上。Neo4j 重点解决了拥有大量连接的查询问题，提供了非常快的图算法、推荐系统及 OLAP（联机分析处理）的分析，满足了企业的应用需求。

Neo4j 系统具有以下五个特性。

（1）支持数据库的所有特性，Neo4j 的内核是一种极快的图形引擎，支持事物的 ACID 特性、两阶段提交。

（2）高可用性，Neo4j 通过联机备份实现了高可用性。

（3）可扩展性，Neo4j 提供了大规模可扩展性，可以在一台机器上处理数十亿节点 / 关系 / 属性的图，也可以扩展到多台机器上并行运行。

（4）灵活性，Neo4j 拥有灵活的数据结构，可以通过 Java-API 直接与图模型进行交互。对于 JRuby/Ruby、Scala、Python 及 Clojure 等其他语言，Neo4j 也开发了相应的绑定库。

（5）高速遍历，Neo4j 中图遍历执行的速度是常数，与图的规模大小无关。它的读性能可以实现每毫秒遍历 2000 关系，而且完全是事务性的。Neo4j 以一种延迟风格遍历图，即节点和关系只有在结果迭代器需要访问它们的时候才会被遍历并返回，支持深度搜索和广度搜索两种遍历方式。

3.4 大数据查询系统

3.4.1 大数据查询系统概述

大数据时代，现实世界中 80% 以上的数据都是非结构化和半结构化数据，而传统的 SQL 关系型数据库难以有效应对非结构化和半结构化数据的高效存储和查询管理需求，传统的关系型数据库也难以横向扩展，无法处理大体量数据。在大数据查询方面主要有两个方向：一是为了继承传统 SQL 查询语言和查询方法的优点，克服 NoSQL 数据库基于 API 的编程接口在易用性方面的不足，出现了基于 SQL 的大数据管理和查询系统；二是基于 NoSQL 的大数据存储和查询系统，如 Cassandra、Pnuts、Hypertable、MicrosoftAzure、CouchDB、MongoDB、Dynomite、

SimpleDB 等。

基于 SQL 的大数据管理和查询系统的典型代表是基于 MPP（Massive Parallel Processing，大规模并行处理）架构的分布式 SQL 数据库系统，如 Cloudera 公司的 Impala、EMC 公司的 GreenPlum。但 MPP 架构限制了系统的高可扩展性，因此 MPP 架构的数据库系统在可扩展性和数据存储管理能力上远不及 HBase 等 NoSQL 数据库系统。为了克服 MPP 构架 SQL 数据库系统的限制和不足，业界也在基于大数据分布并行化系统平台，研究提供高可扩展性，且兼容于 SQL 查询标准的分布式数据管理与查询系统，也有人将这种系统统称为 SQL Over Hadoop。例如，开源 Hadoop 社区开发了 Hive 系统，允许用户使用 SQL 查询语言对存储于 HDFS 或 HBase 的数据进行查询；Spark 社区在 Spark 系统中提供了 Spark SQL 查询子系统，允许用户基于 SQL 查询语言接口对大数据系统平台中的数据进行快速查询。

基于键值对的 NoSQL 大数据管理系统（如 HBase）大多数有主键索引，具有快速高效的主键检索能力；但是对非主键属性上的查询无法提供索引支持，甚至只能通过全表扫描来完成。由于大数据应用的数据记录规模常常会达到数十甚至数百亿以上量级，因此对全表进行非主键扫描的时间开销是不可接受的。针对这个问题，多个研究团队针对非关系型数据库系统上的索引提供了解决方案。华为公司研发并开源了非主键索引查询系统 HIndex，它采用基于 Region 的局部索引模型，为 HBase 中每个 Region 的数据建立独立的索引表，查询请求会发送到所有的 Region 服务器，各个 Region 上独立的索引表会返回各自的结果集，HBase 汇总结果集并过滤返回。中国科学院计算技术研究所发布 CCIndex，在分布式有序表上提供基于非主键的多维查询索引方案，并分别在 HBase 和 Cassandra 上实现了原型系统。CCIndex 为海量数据提供了高性能、低空间开销和高可用的查询服务，其主要思想是充分利用数据的多个副本，为每个副本分别建立不同非主键属性上的聚簇索引。通过建立非主键索引，大量的随机读请求被转换成基于索引表主键的顺序扫描，CCIndex 在多维非主键查询上取得了显著的性能提升，同时优化了索引的空间开销。NGDATA 公司也提出了 HBase 上的非主键索引 HBase-indexer，HBase-indexer 的索引数据保存在 SolrCloud 服务集群上，数据更新采用异步机制，更新的数据会周期性地被推送到 SolrCloud，在索引服务器上完成数据分析并生成对应的索引数据，完成数据更新。

3.4.2　Dremel

Dremel 是谷歌开发的大规模交互式数据分析系统，相应论文 *Dremel: Interactive Analysis of WebScale Datasets* 公开于 2010 年。它的设计目标如下。

（1）Dremel 是一个大规模系统。在一个 PB 级的数据集上，将任务缩短到秒级无疑需要大量的并发，机器越多，出问题的概率越大。如此大的集群规模，需要有足够的容错考虑，以保证整个分析的速度不被集群中的个别慢（坏）节点影响。

（2）Dremel 是 MapReduce 交互式查询能力的补充。和 MapReduce 一样，Dremel 也需要和数据运行在一起，将计算移动到数据上。所以，Dremel 需要 GFS 这样的文件系统作为存储层。在设计之初，Dremel 并非 MapReduce 的替代品，而是常常用它来处理 MapReduce 的结果集或者用来建立分析原型。

（3）Dremel 的数据模型是嵌套的。大数据往往是非结构化的，一个灵活的数据模型至关重要。Dremel 支持嵌套的数据模型，类似 JSON。

（4）Dremel 中的数据是列式存储的。使用列式存储，在使用时可以只扫描需要的那部分数据，减少 CPU 和磁盘的访问量。同时，列式存储是压缩友好的，使用压缩，可以使 CPU 和磁盘发挥最大效能。

（5）Dremel 结合了 Web 搜索和并行 DBMS（Database Management System，数据库管理系统）技术。它借鉴了 Web 搜索中的"查询树"概念，将一个相对复杂的查询分割成较小较简单的查询，以便并发地在大量节点上执行任务。和并行 DBMS 类似，Dremel 可以提供一个 SQL LIKE 的接口，就像 Hive 和 Pig 那样。

在 Google，Dremel 有很多用途，如分析网页文档、追踪 Android 市场中应用程序的安装数据、分析 Google 产品的崩溃报告、分析垃圾邮件、调试 Google 地图里的地图部件、管理 Bigtable 实例中的 Tablet 迁移、分析 Google 分布式系统开发过程中的测试结果、对成百上千个磁盘的使用统计 I/O 数据、监控在 Google 数据中心执行任务时的资源消耗情况、分析 Google 代码库的命名及依赖关系等。

3.5 数据仓库

数据仓库最早由 Bill Inmon 于 1990 年提出，随后其在出版的 *Building the Data Warehouse* 一书中给出了数据仓库的定义，他认为数据仓库是一个面向主题的、集成的、非易失的且随时间而变化的数据集合，用来支持管理人员的决策。数据仓库类似平时所使用的操作型数据库，是一个用来存储数据的空间。但它又与操作型数据库有着本质区别，它所存储的不是一般意义上的原始数据，而是为了进一步挖掘数据资源，经过加工处理的用于辅助管理决策的数据集合。

3.5.1 数据仓库的特点

与传统数据库相比，数据仓库具有如下特点。

1. 面向主题

主题是在较高层次上将企业信息系统中的数据综合、归类并进行分析后得到的抽象概念。面向主题的数据组织方式，就是在较高层次上对分析对象的数据的一个完整的、一致的描述，能完整、统一地刻画各个分析对象涉及的企业的各项数据，以及数据之间的联系。这使得数据仓库的数据组织可以独立于数据的处理逻辑，从而方便开发新的分析性应用。

传统数据库一般面向事务运行和操作，主要是为应用程序进行数据处理，根据具体业务部门的应用模式设计，可以满足要求很高的联机事务处理需求。相对而言，数据仓库是围绕一些主题，如账户、企业、商品来建立的，这是数据仓库技术最重要的一个特征。数据仓库在数据建模与分析过程中关注的是决策者，而数据库主要集中于组织机构的日常操作和事务处理。

2. 集成

集成是数据仓库最重要的特性。正确且全面的数据是进行分析和决策的基础，相关数据收集得越完整，结果就越可靠。数据仓库中的数据通常来自多个不同的数据源，如关系型数据库、文件或记录等，这些数据源提供的数据通常会使准备进入数据仓库的数据出现数据格式不一致的问题。因此，在它们进入数据仓库之前，有必要进行数据的清洗、转化和集成，以避免数据在命名、格式、结构上的冲突，保证数据命名约定、编码结构、属性度量等的一致性。数据集成的过程中一般要完成下列工作：统一源数据中所有矛盾之处，如字段的单位不统一、同名异义、字长不一致、异名同义等；进行数据综合和计算。

3. 相对稳定

稳定包含多方面的含义。数据语义和结构稳定，以满足历史分析需要；进入数据仓库的数据通常不再更新，特别是比较详细的数据，因为它们是组织系统的历史状态和变化的客观、真实的记录。对事务数据库的访问是进行数据的写入、查询、修改、删除操作，一般是按一次一条记录的方式执行。随着业务量的不断加大和时间的推移，数据会不断更新，历史数据在备份后通常会被删除，数据结构也会根据业务变化进行调整。数据仓库反映的是相当长一段时间内的历史数据内容，是不同时间数据库的静态快照集合，以及基于这些快照进行统计的数据结果。数据仓库的数据主要供企业的决策人员进行决策分析之用，所涉及的数据操作主要是在数据查询的基础上进行统计、汇总和分析。当数据发生变化时，一个新的快照记录就会被写入数据仓库。为了确保分析的科学性、客观性、公正性，进入数据仓库的原始数据是不允许修改和更新的。

4. 反映历史变化

数据仓库的最后一个显著特点是会随时间而变化。数据仓库中的数据不可更新是针对应用来说的，表现为数据仓库的用户进行分析处理时不进行数据更新操作。但是，这并不是说从数据集成输入数据仓库开始到最终被删除的整个数据生命周期中，所有的数据都是永远不变的。数据仓库中的数据随时间变化的特性一般表现在以下几个方面。

（1）数据仓库随时间变化，不断地增加新的数据内容。数据仓库系统必须不断捕捉事务数据库中变化的数据，并将其追加到数据仓库，即要不断生成事务数据库的快照，经统一集成后增加到数据仓库中；但对于确实不再变化的数据库快照，如果捕捉到新的变化数据，则生成一个新的数据库快照增加进去，而不会对原有的数据库快照进行修改。

（2）数据仓库的数据也有存储期限，一旦超过该期限，过期的数据就要被删除。但是，数据仓库内的数据时限要远远长于事务数据库中的数据时限，事务数据库中的数据一般保存60~90天，而数据仓库中的数据通常会保留5~10年。由于这种在时间范围上的差异，数据仓库含有比任何其他环境都多的历史数据。

（3）数据仓库中包含大量的综合数据，这些综合数据中很多与时间有关，如经常按照时间段进行综合或间隔一定时间进行抽样等，这些数据要随时间的变化不断地进行重新综合。事务数据库的关键字结构可能包含也可能不包含时间元素，而数据仓库的关键字结构总是包含时间元素。时间有多种形式，如为每个记录加时间戳、为整个数据库加时间戳等。

3.5.2　关系型数据仓库体系结构

数据从流入数据仓库到流出数据仓库的一整套流程构成了数据仓库的基本架构，如图3-7所示。数据主要来源于业务数据库或者服务器日志信息，经过数据加载器，数据被加载到数据仓库中，一般存入关系型数据库；之后，即可进行数据应用方面的查询和分析。

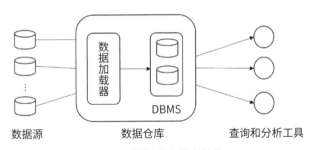

数据源　　　　　　　　数据仓库　　　　　查询和分析工具

图3-7　数据仓库基本结构

数据加载器主要完成 ETL 的过程，ETL 是数据仓库中重要的组成部分，主要负责从各种数据源中提取数据、加工数据并将数据加载到数据仓库。正是这个过程保证了数据仓库的数据一致性，同时 ETL 也是实现数据仓库中数据继续增长的必要途径。ETL（Extract, Transform, Load）是将业务系统的数据经过抽取、清洗、转换之后加载到数据仓库的过程，目的是将企业中分散、零乱、标准不统一的数据整合到一起，为企业的决策提供分析依据。ETL 的流程可以用任何编程语言去开发，但由于 ETL 是极为复杂的过程，而手写程序不易管理，所以比较明智的做法是采用工具协助 ETL 的开发。

3.5.3　数据仓库Hive

Hive 是一款针对大数据的典型数据仓库，架构在 Hadoop 之上。最初由 Facebook 开发，之后 Apache 软件基金会接管并将其作为一个开源项目进一步完善。其基本工作流程是，客户端输入 SQL 语句之后，经过 SQL 解析器进行解析和优化之后，转化为 MapReduce 任务提交给 Hadoop 调度器进行调度和执行。利用 Hive，可以通过类 SQL 语句快速实现简单的 MapReduce 统计，不必开发专门的 MapReduce 应用，十分适合数据仓库的统计分析。由于 Hive 本身并不存储和处理数据，而是依赖 HDFS 来存储数据，依赖 MapReduce 来处理数据，在某种程度上可以将其视为用户编程接口。由于 HiveQL 语句可以快速实现简单的 MapReduce 任务，用户通过编写的 HiveQL 语句就可以运行 MapReduce 任务，不必编写复杂的 MapReduce 应用程序。对于 Java 开发工程师而言，就不必花费大量精力在记忆常见的数据运算与底层的 MapReduce Java API 的对应关系上；对于 DBA 来说，可以很容易把原来构建在关系型数据库上的数据仓库应用程序移植到 Hadoop 平台上。所以说，Hive 是一个可以有效、合理、直观地组织和使用数据的分析工具。

Hive 的设计特点包括：（1）Hive 将元数据保存在关系型数据库中，大大减少了在查询过程中执行语义检查的时间；（2）数据都存储在 Hadoop 兼容的文件系统中；（3）支持不同的存储类型；（4）内置大量用户函数 UDF 来操作时间、字符串和其他的数据挖掘工具，支持用户扩展 UDF 函数来完成内置函数无法实现的操作；（5）使用类 SQL 的 Hive SQL 语言实现数据查询。

Hive 定义了简单的类似 SQL 的查询语言——Hive SQL，它与大部分 SQL 语法兼容，但并不完全支持 SQL 标准，比如，Hive SQL 不支持更新操作，也不支持索引和事务，它的子查询和连接操作也存在很多局限。

Hive 主要由三部分组成：用户接口模块、驱动模块及元数据存储模块，如图 3-8 所示。

用户接口模块有 CLI，Hive Web Interface（HWI）、JDBC、ODBC 等。CLI 是 Hive 自带的一个命令行客户端工具，在 Hive3.0 以上版本里，Beeline 取代了 CLI。HWI 是 Hive 命令行接口的网页版替代方案，适合不太熟悉 Linux 命令行操作方式的数据分析人员。JDBC、ODBC 可以为用户提供编程访问接口。

驱动模块包括解释器、编译器、优化器、执行器，所采用的执行引擎可以是 MapReduce、Tez 或 Spark 等。解释器、编译器、优化器完成 HQL 查询语句从词法分析、语法分析、编译、优化及查询计划的生成。生成的查询计划存储在 HDFS 中，并在随后由 MapReduce 调用执行。

元数据存储模块是一个独立的关系型数据库，用于存放 Hive 表的元数据信息。元数据主要包括表模式、表名、表属性、表的存储格式、分区信息、创建日期等。

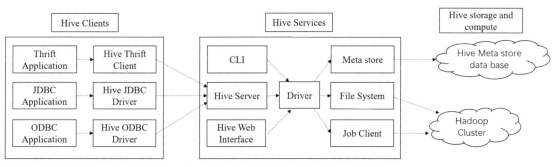

图3-8　Hive体系架构

如图 3-9 所示，Hive 工作流程如下。

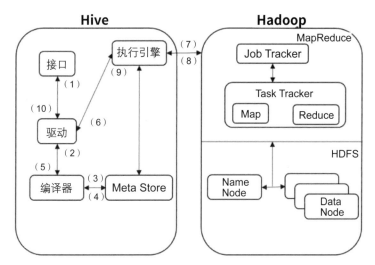

图3-9　Hive工作流程

（1）执行查询。Hive 的接口（如命令行和 Web UI）将查询语句发送到数据库驱动器进行查询操作。

（2）得到查询计划。查询编译器解析查询语句，得到查询计划。

（3）得到元数据。编译器将元数据请求发送至存储元数据的数据库。

（4）存储元数据的数据库将元数据送至编译器。

（5）发送查询计划。编译器将计划发送至驱动器。到这一步，查询的解析和编译完成。

（6）执行计划。驱动器将执行计划发送至执行引擎。

（7）执行任务。执行任务的过程也就是执行 MapReduce 任务的过程，执行任务的同时，执行引擎也会执行元数据的操作。

（8）执行引擎得到结果。

（9）执行引擎将结果发送至驱动器。

（10）驱动器将结果发送至 Hive 的接口。

3.5.4 数据仓库Impala

Impala 是由 Cloudera 公司主导开发的大规模并行查询执行引擎，提供类 SQL 的查询语句，能够查询存储在 HDFS、Kudu、HBase 中的 PB 级大数据，具有查询速度快、灵活性高、易整合、可伸缩性强等特点。

Impalad 是 Impala 的核心进程，通常每一个 HDFS 的数据节点上都部署一个 Impalad 进程，可以读写数据，并接收客户端的查询请求，并行执行来自集群中其他节点的查询请求，将中间结果返回调度节点，调度节点负责构建最终的结果数据并返回客户端。调度节点是指用户提交数据处理请求的节点。

Statestore：负责状态管理服务，定时检查 Impala Daemon 的健康状况，协调各个运行 Impalad 的实例之间的信息关系，进程名为 statestored。

Catalog：负责元数据管理服务，进程名为 catalogd，将 Hive 的元数据中的数据表变化信息分发给各个进程。接收来自 statestore 的所有请求，每个 Impala 节点在本地缓存所有的元数据。

Hive Metastore：存储 Impala 的元数据。Impala 使用传统的 MySQL 或 PostgreSQL 数据库来存储元数据。当创建、删除、修改数据库对象或者加载数据到数据表中时，相关的元数据变化会自动通过广播形式通知所有的 Impala 节点。

Impala 的查询流程如图 3-10 所示，具体介绍如下。

1.客户端提交任务

客户端发送一个 SQL 查询请求到任意一个 Impalad 节点，Impalad 节点会返回一个 queryId 用于之后的客户端操作。

2.生成查询计划（单机计划、分布式并行物理执行计划）

SQL 提交到 Impalad 节点之后，分析器依次执行 SQL 的词法分析、语法分析、语义分析等操作，从 MySQL 元数据库中获取元数据，从 HDFS 的名称节点中获取数据地址，以得到存储这个查询相关数据的所有数据节点。

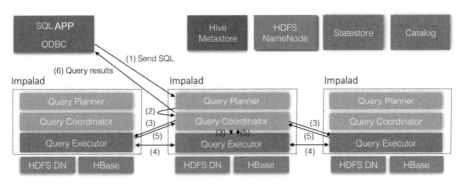

图3-10　Impala查询流程

单机执行计划：根据上一步对 SQL 语句的分析，由 Query Planner 生成单机的执行计划，该执行计划是由 PlanNode 组成的一棵树，这个过程也会执行一些 SQL 优化，如 Join 顺序改变、谓词下推等。

分布式并行物理执行计划：将单机执行计划转换成分布式并行物理执行计划，物理执行计划由一个个的片段（Fragment）组成，一个片段对应分布式并行物理执行计划的一个子任务，片段之间有数据依赖关系，处理过程中要在原有的执行计划之上加入一些 ExchangeNode 和 DataStreamSink 信息。DataStreamSink 的作用是传输当前的片段，输出数据到不同的节点。

3.任务调度和分发

Query Coordinator 将片段根据数据分区信息发配到不同的 Impalad 节点，由 Query Executor 执行。

4. 片段之间的数据依赖

每一个片段的执行结果通过 DataStreamSink 发送到下一个片段，片段运行过程中不断向 Query coordinator 节点汇报当前运行状态。

5. 结果汇总

查询的 SQL 通常情况下需要有一个单独的片段用于结果的汇总，它只在 Query Coordinator 节点运行，目的是将多个节点的最终执行结果汇总，转换成 ResultSet 信息。

6. 获取结果

客户端调获取 ResultSet 的接口，读取查询结果。

Impala 的优点如下。

（1）基于内存运算，不需要把中间结果写入磁盘，省掉了大量的 I/O 开销。

（2）无须转换为 MapReduce，直接访问存储在 HDFS、HBase 中的数据进行作业调度，速度快。

（3）使用了支持数据局部性的 I/O 调度机制，尽可能将数据和计算分配在同一台机器上，减少了网络开销。

（4）支持各种文件格式，如 TextFile 、SequenceFile 、RCFile、Parquet。

（5）可以访问 Hive 的 Metastore，对 Hive 数据直接进行数据分析。

Impala 在具有如上优点的同时，也有如下局限。

（1）对内存的依赖大，且完全依赖于 H ive。

（2）实践中，分区超过 1 万，性能严重下降。

（3）只能读取文本文件，不能直接读取自定义二进制文件。

（4）每当新的文件被添加到 HDFS 的数据目录时，该表需要被刷新。

3.6　本章小结

本章介绍了大数据存储和管理技术，详解介绍了分布式文件系统、NoSQL 数据库、大数据查询系统和数据仓库的原理和特点，重点介绍了 HDFS、Ceph、ClusterFS 等分布式文件系统；分析了键值数据库、列族数据库、文档数据库、图数据库四类常用的 NoSQL 数据库；介绍了当前大规模数据查询和分析系统的应用情况；最后介绍了大数据中的数据仓库技术及其结构，并详细分析了典型数据仓库 Hive 和 Impala 的工作流程和特点。

3.7　习题

1. 传统文件系统在存储大量数据时会面临哪些问题？

2. 什么是 HDFS？主要提供什么服务？

3. 描述 HDFS 的整体架构，并描述名称节点和数据节点的主要作用。

4. 描述正常情况下，HDFS 读文件的流程。

5. 描述正常情况下，HDFS 写文件的流程。

6. NoSQL 数据库一般具有什么特征？

7. Hive 的体系架构主要包括哪几部分？

第4章

大数据处理与分析系统

大数据系统除了解决大规模数据的收集和存储问题外，还需要借助分布式并行处理程序实现数据的高效处理，同时结合统计学、机器学习和数据挖掘等方法从数据中得到有价值的信息。谷歌是大数据处理的重要推动者，特别是在搜索引擎相关的业务中，其建立了一整套进行大规模数据处理的方法和技术，并将之公布出来。开源社区的开发人员据此建立了相应的开源软件，推动了大数据处理和分析技术迅猛发展。

4.1 概述

对于如何处理大数据，计算机科学界有两大方向：第一个方向是集中式计算，就是通过不断增加处理器的数量来增强单个计算机的计算能力，从而提高处理数据的速度，但由于通信和同步方面的瓶颈问题，以及系统维护和性能方面带来的挑战，单机可承载的 CPU 数量是有限的；第二个方向是分布式计算，就是先把一组计算机通过网络相互连接组成分散系统，然后将需要处理的大量数据分散成多个部分，交由分散系统内的计算机组同时计算，最后将这些计算结果合并，得到最终的结果。尽管分散系统内的单个计算机的计算能力不强，但是由于每个计算机只计算一部分数据，而且是多台计算机同时计算，因此分散系统处理数据的速度会远高于单个计算机。

在大数据处理技术发展早期，谷歌是重要的推动者。谷歌在 2003~2006 年间发表了三篇论文，分别是 *The Google File System*、*MapReduce: Simplified Data Processing on Large Clusters* 和 *Bigtable: A Distributed Storage System for Structured Data*，介绍了谷歌如何对大规模数据进行存储和分析。这三篇论文开启了工业界的大数据时代。其中，MapReduce 是分布式计算框架，GFS 是分布式文件系统，BigTable 是基于 GFS 的数据存储系统，三者构成了谷歌的大数据处理模型。

受到谷歌技术的启发，Doug Cutting 等人开始尝试实现 MapReduce 计算框架，并将它与 NDFS（Nutch Distributed File System，基于 Nutch 的分布式文件系统）结合，用以支持 Nutch 引擎的主要算法。由于 NDFS 和 MapReduce 在 Nutch 引擎中有着良好的应用，因此它们于 2006 年 2 月被分离出来，成为一套完整且独立的软件，被命名为 Hadoop。到了 2008 年年初，Hadoop 已成为 Apache 的顶级开源项目，包含众多子项目，被应用到包括 Yahoo 在内的很多互联网公司。将 Hadoop 体系和谷歌大数据处理体系相对照，Hadoop MapReduce 相当于 MapReduce，HDFS 相当于 GFS，HBase 相当于 BigTable。

4.2 谷歌大数据处理系统

本节详细介绍谷歌大数据处理系统中的技术。

4.2.1 GFS

GFS 是一个大型分布式文件系统，用于大型的、分布式的、对大量数据进行访问。GFS 运行于廉价的普通硬件上，提供容错功能。

GFS 包括一个 Master 节点（元数据服务器），多个 chunkserver（数据服务器）和多个 Client（运行各种应用的客户端）。在可靠性要求不高的场景，Client 和 chunkserver 可以位于同一个节点。GFS 的体系结构如图 4-1 所示，每一节点都是普通的 Linux 服务器，GFS 的工作就是协调成百上千的服务器为各种应用提供服务。

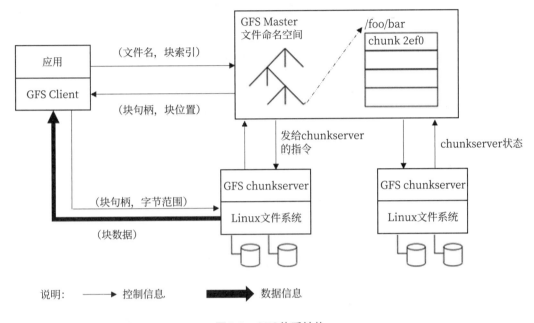

图4-1　GFS体系结构

其中，chunkserver 提供存储功能。GFS 会将文件划分为定长数据块，每个数据块都有一个全局唯一不可变的 ID（chunk_handle），数据块以普通 Linux 文件的形式存储在 chunkserver 上。出于可靠性考虑，每个数据块会存储多个副本，分布在不同的 chunkserver。GFS Master 就是 GFS 的元数据服务器，负责维护文件系统的元数据，包括命名空间、访问控制、文件 - 块映射、块地址，以及控制系统级活动，如垃圾回收、负载均衡等。应用需要链接 Client 的代码，Client 作为代理与 Master 和 chunkserver 交互。Master 会定期与 chunkserver 交流（心跳），以获取 chunkserver 的状态并发送指令。

应用读取数据的流程如下。

（1）应用指定读取某个文件的某段数据。因为数据块是定长的，所以 Client 可以计算出这段数据跨越了几个数据块。Client 将文件名和需要的数据块索引发送给 Master。

（2）Master 根据文件名查找命名空间和文件 - 块映射表，得到需要的数据块副本所在地址，将数据块的 ID 和其所有副本的地址反馈给 Client。

（3）Client 选择一个副本，联系 chunkserver 索取需要的数据。

（4）chunkserver 返回数据给 Client。

GFS 是谷歌云存储的基石，其他存储系统，如 BigTable、Megastore、Percolator 均直接或者间接地构建在 GFS 之上，大规模批处理系统 MapReduce 也需要利用 GFS 进行海量数据的输入 / 输出。GFS 除了拥有过去的分布式文件系统的可伸缩性、可靠性、可用性等特点外，它的设计还受到谷歌应用负载和技术环境的影响。GFS 在设计上的特点如下。

（1）服务器集群中个别服务器的故障是一种正常现象，而不是意外事件。由于谷歌集群的节点数目非常庞大，使用上千个服务器共同进行计算，每时每刻总会有服务器处于故障状态。GFS 通过软件程序模块监视系统的动态运行状况，检测错误，将容错及自动回复系统集成在系统中。

（2）谷歌系统中的文件大小通常以 GB 计，这一点会影响设计预期和参数，如块尺寸和 I/O 操作。

（3）绝大部分文件的修改采用在文件尾部追加数据的方式，而不是覆盖原有数据的方式。

（4）应用程序和文件系统 API 协同设计，提高了整个系统的灵活性。

4.2.2　MapReduce

MapReduce 是谷歌开发的针对海量数据处理的分布式编程模型。其思路是"分而治之"，先把一个大问题分解为若干小问题，解决小问题后，再合并小问题的解得到大问题的解。它使用函数式编程范式，从而能较好地支持并行计算，同时使得底层系统能够将函数重新执行，依次作为 MapReduce 主要的手段。用户在使用时，只需提供 Map 函数和 Reduce 函数，以及计算配置，而无须考虑集群的并发性、分布性、可靠性和可扩展性等问题。MapReduce 对应的开源版本是 Hadoop MapReduce，我们将在后文详细介绍其特点、架构等信息。

4.2.3　BigTable

BigTable 是一个分布式的结构化数据存储系统。针对谷歌的不同应用需求，BigTable 提供了一个灵活的、高性能的解决方案，目前在谷歌的 60 多个项目中进行了应用，如 Google Analytics、Google Finance、Orkut、Personalized Search、Writely 和 Google Earth 等。

BigTable 包括三个主要组件：链接到客户程序中的库、一个 Master 服务器和多个 Tablet 服务器。针对系统工作负载的变化情况，BigTable 可以动态地向集群中添加（或者删除）Tablet 服务器。Tablet 是一定范围的行组成的集合，是分布式存储和资源调度的最小单元。

Master 服务器主要负责以下工作：为 Tablet 服务器分配 Tablets、检测新加入的或者过期失效的 Tablet 服务器、对 Tablet 服务器进行负载均衡，以及对保存在 GFS 上的文件进行垃圾收集。

除此之外，其还对模式进行相关修改操作，如建立表和列族。

每个 Tablet 服务器都管理一个 Tablet 的集合（通常每个服务器有数十个至上千个 Tablet）。每个 Tablet 服务器负责处理它所加载的 Tablet 的读写操作，以及在 Tablet 过大时对其进行分割。

和很多 Single-Master（单主设备）类型的分布式存储系统类似，客户端读取的数据都不经过 Master 服务器，即客户程序直接和 Tablet 服务器通信，进行读写操作。由于 BigTable 的客户程序不必通过 Master 服务器获取 Tablet 的位置信息，因此大多数客户程序甚至完全不需要和 Master 服务器通信。在实际应用中，Master 服务器的负载是很轻的。

一个 BigTable 集群存储了很多表，每个表包含一个 Tablet 的集合，而每个 Tablet 包含某个范围内的行的所有相关数据。初始状态下，一个表只有一个 Tablet。随着表中数据的增长，它被自动分割成多个 Tablet。默认情况下，每个 Tablet 的尺寸是 100~200MB。

BigTable 具有高可靠性、高性能、可伸缩等特性，为用户提供了简单的数据模型，使客户可以动态控制数据的分布和格式。

4.3 分布式计算框架Hadoop MapReduce

4.3.1 Hadoop MapReduce概述

在 2004 年，谷歌发表了题为 *MapReduce: Simplified Data Processing on Large Clusters* 的论文，提出了一种面对大规模数据的并行计算框架 MapReduce，为 MapReduce 提供存储支持的是谷歌开发的 GFS。基于该论文思想，在 2004 年，Doug Cutting 基于 Java 开发了类似 MapReduce 的开源分布式计算框架 Hadoop MapReduce。

Hadoop MapReduce（本小节简称 MapReduce）主要把任务划分成 Map 和 Reduce，Map 任务对整个程序的输入进行分割、读取和转换；Reduce 任务处理 Map 任务产生的对应数据，对数据进行排序和聚合。其中，每个 Map 任务可以细分为数据读入（用于数据分割）、Map、聚合（用于数据聚合，该阶段可省去）、划分（用于数据拆分）四个阶段，而每个 Reduce 任务可以细分为混洗（Shuffle）、排序（Sort）、Reduce 和数据输出四个阶段。

MapReduce 框架包括 Client、JobTracker、TaskTracker、Task 四个部分，如图 4-2 所示。

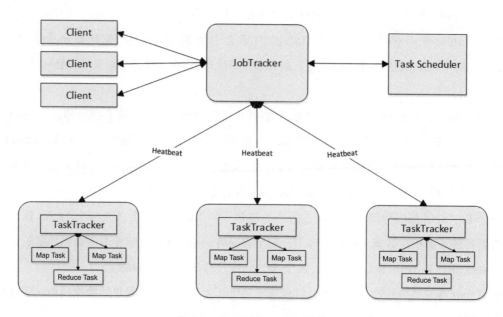

图4-2　MapReduce框架结构

　　用户编写的 MapReduce 程序通过 Client 提交到 JobTracker 端，用户可通过 Client 提供的一些接口查看作业运行状态。JobTracker 负责资源监控和作业调度，监控所有 TaskTracker 与 Job 的健康状况，一旦发现失败，就将相应的任务转移到其他节点。JobTracker 会跟踪任务的执行进度、资源使用量等信息，并将这些信息告诉任务调度器（TaskScheduler），而任务调度器会在资源出现空闲时选择合适的任务使用这些资源。TaskTracker 会周期性地通过"心跳（Heatbeat）"将本节点上资源的使用情况和任务的运行进度汇报给 JobTracker，同时接收 JobTracker 发送过来的命令并执行相应的操作（如启动新任务、"杀死"任务等）。TaskTracker 使用 slot 等量划分本节点上的资源量（CPU、内存等）。一个任务获取一个 slot 后才有机会运行，而 Hadoop 调度器的作用就是将各个 TaskTracker 上的空闲 slot 分配给任务使用。slot 分为 Map slot 和 Reduce slot 两种，分别供 Map Task 和 Reduce Task 使用。Task 分为 Map Task 和 Reduce Task 两种，均由 TaskTracker 启动。

　　MapReduce 作业的输入是一系列存储在 HDFS 上的文件。这些文件被分成了一系列的输入分块。输入分块可以看作文件在字节层面的分块表示，每个分块由一个 Map 任务负责。MapReduce 的具体工作流程如下。

　　数据读入和分块：MapReduce 程序的输入文件首先由用户或服务商保存在 HDFS 中，系统自动将输入文件的大数据划分为很多个数据分块，每个数据分块对应一个计算任务。数据读入的目的主要是对分块进行解析，将分块中的数据转换为 key-value 键值对，再将转换后的键值对传递给 Map 进行相应处理。

Map：用户在程序中编写的 Map 函数，用来处理输入数据，对每个键值对进行解析产生新的键值对。Reduce 端在处理这些键值对时使用键作为分组依据。如何选择键值对会对 MapReduce 作业的效率产生很大影响。

聚合：使用用户编写的特定函数对 Map 需要输出的键值对在 Map 内进行聚合，每个 Map 单独处理。

划分：对 Map 输出在缓存或内存中的键值对进行拆分，每个 Reduce 对应的是拆分后的一个分片。划分的默认函数是哈希和取模，哈希是对键哈希，取模是对 Reduce 数量取模。这种划分方式的作用是随机将所有键平均分发至每个 Reduce，并且保证所有 Map 输出的拥有相同键的键值对被分发至相同 Reduce。

混排及排序：混排及排序步骤标志着 Reduce 的开始。首先将划分操作写入内存中的文件拉取至集群中 Reduce 所在的计算机，各个 Reduce 将所拉取的数据按键重新排序。

Reduce：混排及排序后的数据交由 Reduce 函数操作。

数据输出：Reduce 输出的键值对作为数据输出的输入，通过 Reduce 函数中的输出语句写出到 HDFS 的输出文件。整个 MapReduce 程序的输出由许多个 Reduce 的输出文件组成。

MapReduce 的工作流程如图 4-3 所示。

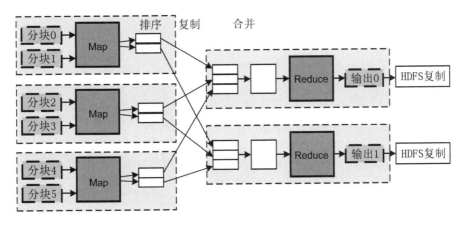

图4-3　MapReduce工作流程

MapReduce 封装了并行处理、容错处理、数据本地化优化、负载均衡等技术难点的细节，易于使用。用户只需提供 Map 函数和 Reduce 函数就可以进行大规模数据处理，而不必关注集群的并发性、分布性、可靠性和可扩展性等问题。

4.3.2　Hadoop MapReduce应用举例

一个 Hadoop MapReduce（本小节简称 MapReduce）任务通常将数据集分为若干独立的

块，这些块由 Map 任务以并行方式进行处理。MapReduce 框架将多个 Map 结果排序，再交由 Reduce 任务处理，任务的输入和输出都会在文件系统中得到排序。一般情况下，计算节点和存储节点重合，这样任务调度会更高效。

　　MapReduce 框架由一个主节点（ResourceManager）和若干工作节点（NodeManager）组成。在任务配置方面，应用程序确定输入 / 输出位置，提供 Map 和 Reduce 函数，确定任务参数。Hadoop 任务客户端向主节点提交任务和配置信息；主节点负责分配任务、监视工作节点状态，向客户端返回任务状态和诊断信息。

　　下面以统计给定文本中的单词个数为例，介绍 MapReduce 的使用方法，对应的代码如下。

```java
import java.io.IOException;
import java.util.StringTokenizer;

import org.apache.hadoop.conf.Configuration;
import org.apache.hadoop.fs.Path;
import org.apache.hadoop.io.IntWritable;
import org.apache.hadoop.io.Text;
import org.apache.hadoop.mapreduce.Job;
import org.apache.hadoop.mapreduce.Mapper;
import org.apache.hadoop.mapreduce.Reducer;
import org.apache.hadoop.mapreduce.lib.input.FileInputFormat;
import org.apache.hadoop.mapreduce.lib.output.FileOutputFormat;

public class WordCount {

  public static class TokenizerMapper
       extends Mapper<Object, Text, Text, IntWritable>{

    private final static IntWritable one = new IntWritable(1);
    private Text word = new Text();

    public void map(Object key, Text value, Context context
                    ) throws IOException, InterruptedException {
      StringTokenizer itr = new StringTokenizer(value.toString());
      while (itr.hasMoreTokens()) {
        word.set(itr.nextToken());
        context.write(word, one);
      }
    }
  }

  public static class IntSumReducer
       extends Reducer<Text,IntWritable,Text,IntWritable> {
    private IntWritable result = new IntWritable();

    public void reduce(Text key, Iterable<IntWritable> values,
                       Context context
```

```
                             ) throws IOException, InterruptedException {
        int sum = 0;
        for (IntWritable val : values) {
          sum += val.get();
        }
        result.set(sum);
        context.write(key, result);
      }
    }

  public static void main(String[] args) throws Exception {
    Configuration conf = new Configuration();
    Job job = Job.getInstance(conf, "word count");
    job.setJarByClass(WordCount.class);
    job.setMapperClass(TokenizerMapper.class);
    job.setCombinerClass(IntSumReducer.class);
    job.setReducerClass(IntSumReducer.class);
    job.setOutputKeyClass(Text.class);
    job.setOutputValueClass(IntWritable.class);
    FileInputFormat.addInputPath(job, new Path(args[0]));
    FileOutputFormat.setOutputPath(job, new Path(args[1]));
    System.exit(job.waitForCompletion(true) ? 0 : 1);
  }
}
```

这段代码的使用方法如下。

设置假设环境变量：

```
export JAVA_HOME=/usr/java/default
export PATH=${JAVA_HOME}/bin:${PATH}
export HADOOP_CLASSPATH=${JAVA_HOME}/lib/tools.jar
```

编译 WordCount.java 文件，生成 jar 包：

```
$ bin/hadoop com.sun.tools.javac.Main WordCount.java
$ jar cf wc.jar WordCount*.class
```

假设在 HDFS 中设置如下输入 / 输出路径：

```
/user/joe/wordcount/input - input directory in HDFS
/user/joe/wordcount/output - output directory in HDFS
```

需要统计的文件有 file01 和 file02：

```
$ bin/hadoop fs -ls /user/joe/wordcount/input/
/user/joe/wordcount/input/file01
/user/joe/wordcount/input/file02

$ bin/hadoop fs -cat /user/joe/wordcount/input/file01
Hello World Bye World
```

```
$ bin/hadoop fs -cat /user/joe/wordcount/input/file02
Hello Hadoop Goodbye Hadoop
```

运行程序：

```
$ bin/hadoop jar wc.jar WordCount /user/joe/wordcount/input /user/
joe/wordcount/output
```

对应的输出结果：

```
$ bin/hadoop fs -cat /user/joe/wordcount/output/part-r-00000
Bye 1
Goodbye 1
Hadoop 2
Hello 2
World 2
```

现在解析 MapReduce 处理过程。

在 Map 阶段，由 map 函数可以看出，一次处理一行，将各行内容按空格分开，形成一个键值对 <单词, 1>。对于前面的输入示例，第一个输入的 Map 结果：

```
< Hello, 1>
< World, 1>
< Bye, 1>
< World, 1>
```

第二个输入的 Map 结果：

```
< Hello, 1>
< Hadoop, 1>
< Goodbye, 1>
< Hadoop, 1>
```

WordCount 也实例化一个 combiner 类。因此，在 Map 阶段，经过对键值对排序后，每一个 Map 任务均通过局部 combiner 进行局部汇总。

因此，第一个 Map 任务的输出：

```
< Bye, 1>
< Hello, 1>
< World, 2>
```

第二个 Map 任务的输出：

```
< Goodbye, 1>
< Hadoop, 2>
< Hello, 1>
```

Reducer 类通过 reduce 函数汇总键值对的值。在本例中，则是对每个单词的出现次数进行汇总。最终输出结果：

```
< Bye, 1>
< Goodbye, 1>
< Hadoop, 2>
< Hello, 2>
< World, 2>
```

在 main 方法中设置路径信息、键值对类型、输入 / 输出格式等，然后调用 job.waitForCompletion 方法提交总任务，并监控任务进程。

在 main 方法中，TokenizerMapper 类继承了 Hadoop 提供的 Mapper 类，来实现个性化的 map 函数；IntSumReduce 类继承了 Hadoop 提供的 Reducer 类，来实现个性化的 reduce 函数。

Mapper 将输入键值对映射为一组中间结果，也是键值对的形式。一个 Map 任务负责一个输入片段。应用程序可以使用 Counter 统计信息。所有 Map 的中间结果被 MapReduce 框架聚集排序，再依据 Reduce 任务个数进行划分。用户可以通过 Job.setGroupingComparatorClass(Class) 控制聚集方式，也可以通过 Partitioner 确定键值对在 Reducer 中的分配。还可以通过实例化 combiner 对 Map 中间结果进行局部聚集，以减少从 Mapper 到 Reduce 的数据量。

Map 个数一般由输入数据的规模决定。一般而言，每一个节点对应 10~100 个 Map 任务。Reduce 个数由用户通过 Job.setNumReduceTasks(int) 确定。一般情况下，Reduce 个数设置为 0.95 或 1.75 乘以（节点个数 × 每个节点的最大任务个数）。当设置为 0.95 时，所有 Reduce 任务会在 Map 任务结束后立即启动；当设置为 1.75 时，速度较快的节点则在结束第一轮 Reduce 之后启动第二轮 Reduce，以维持较好的负载平衡。

4.4 快速计算框架Spark

4.4.1 Spark简介

Spark 是基于内存计算的大数据并行计算框架。Spark 基于 DAG 计算模型和 RDD（弹性分布式数据集），应用程序可以将中间计算结果暂时缓存到内存中，方便下一次迭代计算。这样不仅能节省不必要的 I/O，还可以实现数据集的重用，进而可以优化迭代计算的负载。所以，Spark 适用于数据挖掘和机器学习等需要迭代计算的场景。

Spark 系统架构及生态如图 4-4 所示。Spark 除了 Spark Core 外，还有四个组件：Spark SQL、Spark Streaming、MLlib、GraphX。通常，编写一个 Spark 应用程序需要用到 Spark Core 和其余四个组件中的一个或多个。

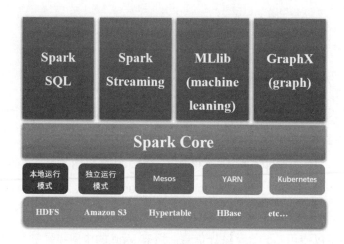

图4-4　Spark系统架构及生态

Spark Core 是该平台的基础，主要负责内存管理、故障恢复、计划安排、分配与监控作业，以及和存储系统进行交互。用户可以通过 API 使用 Spark Core。

Spark SQL 是提供低延迟交互式查询的分布式查询引擎，其速度最高可比 MapReduce 快100 倍。它包含一个基于成本的优化器、列式存储，能够生成代码并用于快速查询，还可以扩展到数千个节点的计算机集群。Spark SQL 提供的接口为 Spark 提供了有关数据结构和正在执行的计算的更多信息，Spark SQL 会使用这些额外的信息来执行额外的优化。使用 Spark SQL 的方式有很多种，包括 SQL、DataFrame API 以及 Dataset API。Spark SQL 支持各种开箱即用的数据源，包括 JDBC、ODBC、JSON、HDFS、Hive、ORC 和 Parquet 等。

Spark Streaming 是利用 Spark Core 的快速计划功能执行流式分析的实时解决方案。它会提取迷你批处理中的数据，使用为批处理分析编写的相同应用程序代码实现对此类数据的分析。由于开发人员可以将相同代码用于批处理和实时流处理应用程序，因此开发效率会得到提高。Spark Streaming 支持来自 Twitter、Kafka、Flume、HDFS 和 ZeroMQ 的数据，以及 Spark 程序包生态系统中的其他数据。

MLlib 是在大规模数据上进行机器学习所需的算法库。用户可以在任何 Hadoop 数据源上使用 R 或 Python 对机器学习模型进行训练，这些数据源使用 MLlib 保存，并且被导入基于 Java或 Scala 的管道当中。Spark 专为在内存中运行的快速交互式计算而设计，使机器学习可以快速运行，快速实现分类、回归、集群、协同过滤和模式挖掘等功能。

GraphX 是构建在 Spark 之上的分布式图形处理框架。GraphX 提供 ETL、探索性分析和迭代图形计算，让用户能够以交互方式大规模构建、转换图形数据结构。GraphX 自带高度灵活的API 和一系列分布式图形算法选项。

从速度的角度看，Spark 从流行的 MapReduce 模型继承而来，可以更有效地支持多种类型的计算，如交互式查询和流处理。速度在大数据集的处理中非常重要，它可以决定用户是交互式地处理数据，还是等几分钟甚至几小时。Spark 的一个重要特性是其可以在内存中运行计算，即使对基于磁盘的复杂应用，Spark 依然比 MapReduce 更有效。相比于 MapReduce，Spark 具有如下优势。

（1）Spark 集流处理、批处理、交互式查询、机器学习及图计算等于一体；而 MapReduce 适合离线数据处理，不适合进行迭代计算、交互式处理、流处理。

（2）Spark 适合低延迟、迭代计算类型的作业；MapReduce 需要大量的磁盘 I/O 和网络 I/O 以处理中间结果，效率较低。

（3）Spark 可以通过缓存共享 RDD、DataFrame，提升效率。

（4）中间结果支持 checkpoint，遇错可快速恢复。

（5）支持 DAG、Map 之间以 pipeline 方式运行，无须刷磁盘。

（6）Spark 支持多线程模型，每个工作节点运行一个或多个执行器服务，每个任务作为线程运行在执行器中，任务间可共享资源；MapReduce 则是多进程模型，任务调度和启动开销大。

（7）Spark 编程模型更灵活，支持多种语言（如 Java、Scala、Python、R），并支持丰富的转换算子和行动算子；MapReduce 仅支持 Map 和 Reduce。

（8）在应用开发时，Spark 提供了多种高层次、简洁的 API。例如，Spark 提供了一个 Spark R 的编程接口，使得熟悉 R 语言的数据分析人员可以方便地完成数据分析任务。使用 MapReduce 则需要编写很多相对底层的代码，也没有交互模式。

从通用性来说，Spark 可以处理之前需要多个独立的分布式系统来处理的任务，这些任务包括批处理应用、交互式算法、交互式查询和数据流。通过用同一个引擎支持这些任务，Spark 使得合并不同的处理类型变得简单，而合并操作在生产数据分析中频繁使用。另外，Spark 降低了维护不同工具的管理负担。

综合而言，Spark 具有如下特点。

（1）运行速度快：Spark 使用先进的 DAG 执行引擎，以支持循环数据流与内存计算，基于内存的执行速度可比 Hadoop MapReduce 快上百倍，基于磁盘的执行速度也能快十倍。

（2）容易使用：Spark 支持使用 Scala、Java、Python 和 R 进行编程，简洁的 API 设计有助于用户轻松构建并行程序，并且可以通过 Spark Shell 进行交互式编程。

（3）通用性：Spark 提供了完整而强大的技术栈，包括 SQL 查询、流计算、机器学习和图算法组件，这些组件可以无缝整合在同一个应用中，足以应对复杂的计算。

（4）运行模式多样：Spark 可运行于独立的集群模式，或者运行于 Hadoop，也可运行于 Amazon EC2 等云环境，并且可以访问 HDFS、Cassandra、HBase、Hive 等多种数据源。

目前，Spark 已经被广泛用在电商（如阿里巴巴）、保健（如 MyFitnessPal 公司）、媒体和娱乐（如 Netflix）等领域。

4.4.2 Spark运行架构

Spark 运行架构是主从模式，包括每个应用的任务控制节点、集群管理器、运行作业任务的工作节点，以及每个工作节点上负责具体任务的执行器，如图 4-5 所示。其中，集群管理器在集群上获取资源的外部服务，可以是 Spark 原生的资源管理器，由 Master 负责资源分配；也可以是 Mesos 或 YARN 等资源调度框架。SparkContext 是整个 Spark 的入口，相当于程序的 main 函数。在启动 Spark 时，Spark 已经为我们创建好了一个 SparkContext 的实例，命名为 sc，可以直接访问。

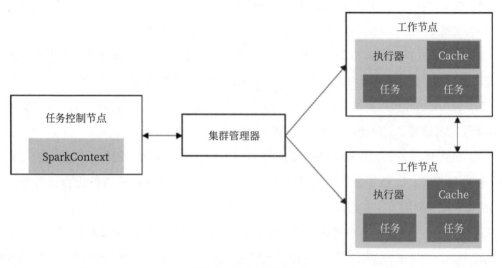

图4-5　Spark运行架构

当运行一个应用程序时，任务控制节点会向集群管理器申请资源，并向执行进程发送应用程序代码和文件，由执行进程执行任务。执行完毕，将结果返回任务控制节点或写到云数据存储平台。

与 Hadoop MapReduce 相比，Spark 采用的执行器有两个优点：①采用多线程模型，减少任务的启动开销；②执行器中有一个 BlockManager 存储模块，当需要多轮迭代时，中间结果会存放在 BlockManager 中，从而减少 I/O 开销。

4.4.3 Spark的部署方式

Spark 支持五种部署方式，包括本地运行模式（Local）、独立模式（Standalone）、基于 YARN 的模式（Spark on YARN）、基于 Mesos 的模式（Spark on Mesos）、基于 Kubernetes 的模式（Spark on Kubernetes）。其中，本地运行模式是单机部署模式，其他四种模式都是分布式部署模式。

（1）本地运行模式是 Spark 中最简单的一种模式，也可称作分布式模式。

（2）独立模式为 Spark 自带的一种集群管理模式，其自带完整的服务，可单独部署到一个集群中，无须依赖任何其他资源管理系统。它是 Spark 实现的资源调度框架，其主要节点有 Driver 节点、Master 节点和 Worker 节点。

（3）基于 YARN 的模式，即 Spark 运行在 Hadoop YARN 框架之上的一种模式。YARN 是一个通用资源管理系统，可为上层应用提供统一的资源管理和调度。在此模式下，YARN 负责资源管理和调度，HDFS 负责文件存储。

（4）基于 Mesos 的模式，即 Spark 运行在 Apache Mesos 框架之上的一种模式。Mesos 是一个更强大的分布式资源管理框架，负责集群资源的分配，允许多种不同的框架部署在其上，包括 YARN。

（5）基于 Kubernetes 的模式。Kubernetes 是一个用于自动化部署、扩展和管理容器化应用程序的开源系统，Spark 从 2.3.0 版本引入了对 Kubernetes 的支持。

4.4.4 Spark的数据抽象RDD

RDD 代表一个不可变、可分区、里面的元素可并行计算的集合。RDD 具有数据流模型的特点：自动容错、位置感知性调度和可伸缩性。RDD 允许用户在执行多个查询时显式地将工作集缓存在内存中，后续的查询能够重用工作集，这极大地提升了查询速度。一个 RDD 包括以下 5 个部分。

（1）一组分片（Partition），分片是数据集的基本组成单位。对于 RDD 来说，每个分片都会被一个计算任务处理，并决定并行计算的粒度。用户可以在创建 RDD 时指定 RDD 的分片个数；如果没有指定，就会采用默认值，默认值就是程序分配到的 CPU Core 的数目。如果是从 HDFS 文件创建，则默认分片个数为文件的文件块数。

（2）一个应用在每个分区的函数。Spark 中 RDD 的计算是以分片为单位的，每个 RDD 都会实现 compute 函数以达到进行计算的目的。compute 函数会对迭代器进行复合，不需要保存每次的计算结果。

（3）RDD 之间的依赖关系。RDD 的每次转换都会生成一个新的 RDD，所以 RDD 之间就会形成类似流水线的前后依赖关系。在部分分区数据丢失时，Spark 可以通过该依赖关系重新计算丢失的分区数据，而不是对 RDD 的所有分区进行重新计算。

（4）键值对数据类型的 RDD 分区器，即 RDD 的分片函数。当前 Spark 中实现了两种类型的分片函数，一个是基于哈希的 HashPartitioner，另一个是基于范围的 RangePartitioner。只有键值对类型的 RDD 才有分区器 Partitioner，非键值对类型的 RDD 所对应的分区器是 None。Partitioner 函数不但决定了 RDD 本身的分片数量，也决定了 parent RDD Shuffle 输出时的分片数量。

（5）一个优先位置列表，存储每个分区的优先存取位置（Preferred Location）。对于一个 HDFS 文件来说，该列表保存的就是每个 Partition 所在的块的位置。按照"移动数据不如移动计算"的理念，Spark 在进行任务调度时，会尽可能地将计算任务分配到其所要处理的数据块的存储位置。

RDD 可以通过读取外部存储系统的数据集或读取数据库来创建，也可以由 Scala 中的集合来创建，还可以由其他 RDD 转换而来。

RDD 编程 API 支持两个算子的操作：转换（Transform）和行动（Action）。转换算子的作用是基于一个已有的 RDD 生成另外一个 RDD。转换操作具有延迟加载特性。转换算子的代码不会被真正执行，只有当程序中遇到一个行动算子时代码才会被执行。

RDD 和它依赖的父 RDD（s）的关系有两种不同的类型，即窄依赖和宽依赖。窄依赖是指每个父 RDD 的一个 Partition 最多被子 RDD 的一个 Partition 所使用，如 Map、Filter、Union 等操作都会产生窄依赖；宽依赖是指一个父 RDD 的 Partition 会被多个子 RDD 的 Partition 所使用，如 groupByKey、reduceByKey、sortByKey 等操作都会产生宽依赖。

在 Spark 中，会根据 RDD 之间的依赖关系将 DAG 划分为不同的阶段，对于窄依赖，由于 partition 依赖关系是确定的，partition 的转换处理可以在同一个线程里完成，窄依赖就被 Spark 划分到同一个阶段中；而对于宽依赖，只能等父 RDD Shuffle 处理完成后，下一个阶段才能开始接下来的计算，因此，Spark 划分阶段的整体思路是从后往前推，遇到宽依赖就断开，划分为一个新阶段；遇到窄依赖就将该 RDD 加入该阶段。

4.4.5 Spark MLlib

MLlib 是 Spark 的机器学习库，旨在简化机器学习的工程实践工作，并方便扩展到更大规模。MLlib 由一些通用的学习算法和工具组成，包括分类、回归、聚类、协同过滤、降维等，同时还包括底层的优化原语和高层的管道 API。MLlib 提供的算法是基于 RDD 的，其支持的算法如图 4-6 所示。

Spark 机器学习库 MLlib 从 1.2 版本以后被分为两个包，即 Spark.mllib 和 Spark.ml。其中，spark.mllib 包含基于 RDD 的原始算法 API。从 Spark 2.0 开始，基于 RDD 的 API 进入维护模式，不再增加新的基于 RDD 的 API。spark.ml 则提供了基于 DataFrame 高层次的 API，可以用来构建机器学习工作流（ML Pipeline）。ML Pipeline 弥补了原始 MLlib 库的不足，为用户提供了一个基于 DataFrame 的机器学习工作流 API 套件。Spark 官方推荐使用 spark.ml。与基于 RDD 的 API 相比，基于 DataFrame 的 API 具有如下优点。

（1）支持 Spark 数据源、SQL/DataFrame 查询。

（2）提供跨机器学习算法的统一 API、跨语言的统一 API。

（3）有利于实现机器学习流水线，单个算法相当于流水线中的一个组件，这样可以将算法和数据处理的其他流程分割开来，方便替换算法。

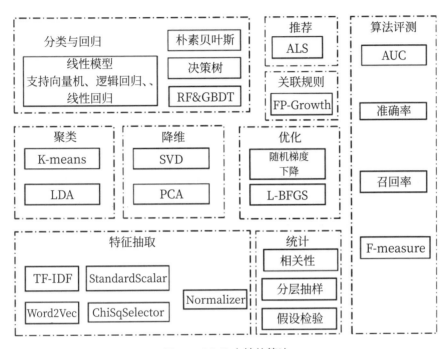

图4-6　MLlib支持的算法

4.4.6　Spark Streaming

Spark Streaming 主要用于进行高吞吐量的、具备容错机制的实时流数据的处理，支持从多种数据源获取数据，包括 Kafka、Flume、Twitter、ZeroMQ、Kinesis 及 TCP Sockets。Spark Streaming 从数据源获取数据之后，可以使用 map、reduce、join 和 window 等高级函数进行复杂算法的处理，也可以使用 MLlib 和 GraphX 进行数据处理，还可以将处理结果存储到文件系统、数据库和现场仪表盘。Spark Streaming 是 Spark 最初的流处理框架。Spark Streaming 生态如图 4-7 所示。

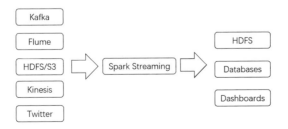

图4-7　Spark Streaming生态

Spark 的各个子框架都是基于核心 Spark 的，Spark Streaming 在内部的处理机制是接收实时流的数据，并根据一定的时间间隔拆分成一批批的数据，然后通过 Spark Engine 处理这些批数据，最终得到处理后的一批批结果数据，如图 4-8 所示。

图4-8　Spark Streaming数据处理流程

Spark Streaming 对流数据提供了一种数据抽象形式——DStream（Discretized Stream，离散流）。批量数据，在 Spark 内核对应一个 RDD 实例。因此，对应流数据的 DStream 可以看成一组 RDDs，即一个 RDD 序列。这样，就将 Spark Streaming 中对 DStream 的转换操作变为 Spark 中对 RDD 的转换操作，将 RDD 经过操作变成中间结果保存在内存中。整个流计算根据业务的需求可以对中间结果进行叠加或将其存储到外部设备。

作为构建于 Spark 之上的应用框架，Spark Streaming 承袭了 Spark 的编程风格。使用 Spark Streaming 的过程如下。

（1）创建 StreamingContext 对象。同 Spark 初始化需要创建 SparkContext 对象一样，使用 Spark Streaming 需要创建 StreamingContext 对象。创建 StreamingContext 对象所需的参数与 SparkContext 基本一致。

（2）创建 InputDStream。

（3）操作 DStream。对于从数据源得到的 DStream，用户可以在其基础上进行各种操作。

（4）启动 Spark Streaming。之前所做的所有步骤只是创建了执行流程，程序没有真正连接上数据源，也没有对数据进行任何操作，只是设定好了所有的执行计划。当 StreamingContext 对象的 start() 函数启动后，程序才会真正执行所有预期的操作。

基于 micro-batch（微批处理）的方式，Spark Streaming 在面对复杂的流处理场景时难以胜任，处理延时较高，也无法支持基于 event_time 的时间窗口做聚合逻辑。

Structured Streaming 于 2016 年在 Spark 2.0 版本引入。Structured Streaming 将流数据视为一个不断增长的表，可以像操作批量静态数据一样来操作流数据。与 Spark Streaming 相比，Structured Streaming 能够保证数据的一致性和可靠性，也能更好地实现错误兼容。Structured Streaming 代码编写完全复用 Spark SQL 的 batch API（批处理 API），可以对一个或者多个流或者表进行查询。查询的结果是表，能够以不同的模式（append、update、complete）输出到外部存储。Structured Streaming 的 API 更好用，更易于编写端到端的应用程序。用户只需描述查询，给定输入 / 输出位置等信息，系统就能够增量地执行查询，并维持足够的状态信息（当出现错误时能够恢复）。

4.4.7　Spark SQL

　　Spark SQL 是 Spark 中的一个模块，用于处理结构化数据。Spark SQL 的应用之一便是执行 SQL 查询，可以使用命令行或通过 JDBC/ODBC 与 SQL 接口交互。Spark SQL 也支持从 Hive 中读取数据。当 SQL 被内置到其他编程语言程序中时，返回 Dataset/DataFrame 形式的结果。

　　Spark SQL 提供了一个名为 DataFrame 的可编程抽象数据模型，其在概念上等同于关系型数据库中的表，但在底层具有更丰富的优化。DataFrame 可以通过各种数据来源来构建，如结构化数据文件、Hive 表、外部数据库，或通过已有的 RDD 来构建。DataFrame API 支持的语言有 Scala、Java、Python 和 R。Dataset 是在 Spark 1.6 中添加的一个新接口，是 DataFrame 之上更高一级的抽象，与 DataFrame 相比，Dataset 保存了类型信息。一个 Dataset 可以从 JVM（Java 虚拟机）对象构造，并使用函数（map、flatMap、filter 等）进行操作。DataSet 包含 DataFrame 的功能，Spark 2.0 将两者进行了统一，DataFrame 被表示为 DataSet 的子集 DataSet[Row]。

　　RDD、DataFrame 和 DataSet 的区别如图 4-9 所示。

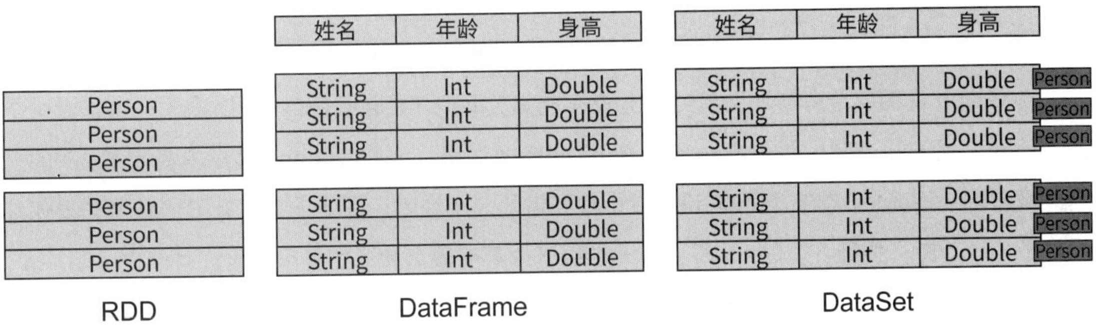

图4-9　RDD、DataFrame和DataSet的区别

　　Spark SQL 具有如下特点。

　　（1）数据兼容：不仅兼容 Hive，还可以从 RDD、Parquet 文件、JSON 文件获取数据，也支持从 RDBMS（关系型数据库管理系统）获取数据。

　　（2）性能优化：采用内存列式存储、自定义序列化器等方式提升性能。

　　（3）组件扩展：SQL 的语法解析器、分析器、优化器都可以重新定义和扩展。

　　Spark SQL 的架构如图 4-10 所示。

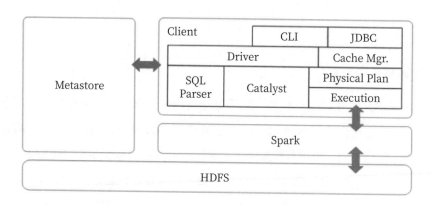

图4-10　Spark SQL的架构

其中，Spark 负责处理数据的输入和输出，Catalyst（函数式关系查询优化框架）负责处理 Spark SQL 逻辑执行计划的生成和优化。

4.4.8　Spark GraphX

GraphX 是 Apache Spark 的一个组件，用于分布式图数据处理。GraphX 通过引入弹性分布式属性图（即顶点和边均有属性的有向多重图）扩展 Spark RDD，并将分布式图和分布式数据统一到一个系统中，有 Table 和 Graph 两种视图，而只需要一份物理存储。两种视图都有自己独有的操作符，操作灵活、高效，从而使得流水线式处理更加便捷高效。

对 Graph 视图的所有操作，最终都会转换成其关联的 Table 视图的 RDD 操作。这样对一个图的计算，最终在逻辑上等价于一系列 RDD 的转换过程。因此，Graph 最终具备了 RDD 的三个关键特性：不变性、分布性和容错，其中最关键的是不变性。逻辑上，所有图的转换和操作都产生了一个新图；物理上，GraphX 会有一定程度的不变顶点和边的复用优化，对用户透明。

两种视图底层共用的物理数据由 RDD[Vertex-Partition] 和 RDD[EdgePartition] 这两个 RDD 组成。点和边实际都不是以表 Collection[tuple] 的形式存储的，而是由顶点分区和边缘分区在内部存储一个带索引结构的分片数据块，以加快不同视图下的遍历速度。不变的索引结构在 RDD 转换过程中是共用的，降低了计算和存储开销。

大型图的存储总体上有边分割（Edge-Cut）和点分割（Vertex-Cut）两种存储方式。

边分割：每个顶点都存储一次，但有的边会被分到两台机器上。这样做的好处是节省存储空间；坏处是对图进行基于边的计算时，对于一条两个顶点被分到不同机器上的边来说，要跨机器传输数据，内网通信流量大。

点分割：每条边只存储在一台机器上。这样做的坏处是邻居多的点会被复制到多台机器上，增加了存储开销，同时会引发数据同步问题；好处是可以大幅减少内网通信量。

Graphx 借鉴 PowerGraph，使用点分割方式存储图，用三个 RDD 存储图数据信息，具体如下。

（1）VertexTable(id, data)：id 为顶点 ID， data 为顶点属性

（2）EdgeTable(pid, src, dst, data)：pid 为分区 ID，src 为源顶点 ID，dst 为目的顶点 ID，data 为边属性

（3）RoutingTable(id, pid)：id 为顶点 ID，pid 为分区 ID。

GraphX 的核心操作在 Graph 类中进行了定义，核心操作的进一步组合在 GraphOps 类中进行了定义，如此区分是能够在未来支持不同的图表达。虽然进行了区分，但通过 Scala 仍可以将 GraphOps 类中的操作作为 Graph 类中的成员进行使用，代码如下。

```
val graph: Graph[(String, String), String]
// 在Graph中直接使用 GraphOps.inDegrees
val inDegrees: VertexRDD[Int] = graph.inDegrees
```

GraphX 支持的图计算总结如下。

```
class Graph[VD, ED] {
  // 图的基本信息
  val numEdges: Long
  val numVertices: Long
  val inDegrees: VertexRDD[Int]
  val outDegrees: VertexRDD[Int]
  val degrees: VertexRDD[Int]
  // 集合视图
  val vertices: VertexRDD[VD]
  val edges: EdgeRDD[ED]
  val triplets: RDD[EdgeTriplet[VD, ED]]
  // 图缓存
  def persist(newLevel: StorageLevel = StorageLevel.MEMORY_ONLY):
  Graph[VD, ED]
  def cache(): Graph[VD, ED]
  def unpersistVertices(blocking: Boolean = false): Graph[VD, ED]
  // 改变分块
  def partitionBy(partitionStrategy: PartitionStrategy): Graph[VD,
  ED]
  // 转换顶点、边的属性
  def mapVertices[VD2](map: (VertexId, VD) => VD2): Graph[VD2, ED]
  def mapEdges[ED2](map: Edge[ED] => ED2): Graph[VD, ED2]
  def mapEdges[ED2](map: (PartitionID, Iterator[Edge[ED]]) => Itera
  tor[ED2]): Graph[VD, ED2]
  def mapTriplets[ED2](map: EdgeTriplet[VD, ED] => ED2): Graph[VD,
  ED2]
  def mapTriplets[ED2](map: (PartitionID, Iterator[EdgeTriplet[VD,
  ED]]) => Iterator[ED2])
    : Graph[VD, ED2]
  // 改变图结构
  def reverse: Graph[VD, ED]
  def subgraph(
```

```
          epred: EdgeTriplet[VD,ED] => Boolean = (x => true),
          vpred: (VertexId, VD) => Boolean = ((v, d) => true))
      : Graph[VD, ED]
    def mask[VD2, ED2](other: Graph[VD2, ED2]): Graph[VD, ED]
    def groupEdges(merge: (ED, ED) => ED): Graph[VD, ED]
    // 将RDD和图进行连接操作
    def joinVertices[U](table: RDD[(VertexId, U)])(mapFunc: (VertexId,
    VD, U) => VD): Graph[VD, ED]
    def outerJoinVertices[U, VD2](other: RDD[(VertexId, U)])
        (mapFunc: (VertexId, VD, Option[U]) => VD2)
      : Graph[VD2, ED]
    // 聚集信息
    def collectNeighborIds(edgeDirection: EdgeDirection): VertexRDD[Ar
    ray[VertexId]]
    def collectNeighbors(edgeDirection: EdgeDirection): VertexRDD[Ar
    ray[(VertexId, VD)]]
    def aggregateMessages[Msg: ClassTag](
        sendMsg: EdgeContext[VD, ED, Msg] => Unit,
        mergeMsg: (Msg, Msg) => Msg,
        tripletFields: TripletFields = TripletFields.All)
      : VertexRDD[A]
    // 图并行计算
    def pregel[A](initialMsg: A, maxIterations: Int, activeDirection:
    EdgeDirection)(
        vprog: (VertexId, VD, A) => VD,
        sendMsg: EdgeTriplet[VD, ED] => Iterator[(VertexId, A)],
        mergeMsg: (A, A) => A)
      : Graph[VD, ED]
    // 基本的图算法
    def pageRank(tol: Double, resetProb: Double = 0.15): Graph[Double,
    Double]
    def connectedComponents(): Graph[VertexId, ED]
    def triangleCount(): Graph[Int, ED]
    def stronglyConnectedComponents(numIter: Int): Graph[VertexId, ED]
}
```

4.5 其他大数据分析系统

MapReduce 和 Spark 是针对大数据的批量处理系统。除此之外,还有针对图数据的分析系统(如 Pregel)、针对流数据的分析系统(如 Flink)等。

4.5.1 图计算系统Pregel

许多数据都是以图或网络的形式呈现的，如社交网络、交通网络、蛋白质网络等。由于图数据结构很好地表达了数据之间的关联性，因此很多非图结构的数据也会转换为图结构的形式。

Pregel 是谷歌提出的大规模分布式图计算系统，在概念模型上遵循 BSP（Bulk Synchronous Parallel）模型。Pregel 在谷歌的集群上运行，文件存储在 GFS 或 BigTable 里。Pregel 采用了"主从结构"来实现整体功能，其系统结构如图 4-11 所示。主控服务器负责整个图结构的任务切分，采用切边法将其切割成子图，并把任务分配给众多的工作服务器。主控服务器命令工作服务器进行每一个超级步的计算，并进行障碍点同步和收集计算结果。主控服务器只进行系统管理工作，不负责具体的图计算。每台工作服务器负责维护分配给自己的子图节点和边的状态信息运算，在运算的最初阶段，将所有的图节点状态设置为活跃，对于目前处于活跃状态的节点依次调用用户定义函数 F(Vertex)。需要说明的是，所有的数据都是加载到内存进行计算的。除此之外，工作服务器还负责管理本机子图和其他工作服务器所维护子图之间的通信工作。

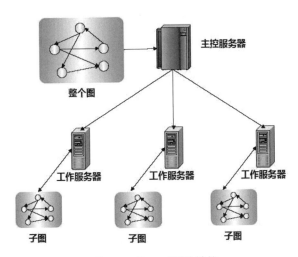

图4-11 Pregel系统结构

Pregel 计算模型主要包含顶点（Vertex）、边（Edge）、消息（Message）和超步（Super step）等基本要素。每一个顶点都有一个唯一标识，标识的类型是字符串。每一个顶点都包含一个用户定义的可以修改的对象，表示顶点的值。每个边也可以设定一个用户定义的属性，该属性可以是边的权重等信息。消息是 Pregel 计算模型的核心，每个顶点都附加一个消息作为顶点的当前状态，算法的迭代通过顶点之间互相发送消息来完成。超步是算法执行过程中进行的一次迭代，Pregel 计算过程可能包括多个超步。一个典型的 Pregel 计算过程包括：①初始化时的图数据输入；②一些超步执行迭代计算；③计算结束时的结果输出。

每个超步的顶点上都会并行执行用户自定义的函数，该函数描述了顶点 V 在一个超步 S 中需要执行的操作。该函数可以读取前一个超步（S-1）中其他顶点发送给顶点 V 的消息，执行相应计算后，修改顶点 V 及其出射边的状态，然后沿着顶点 V 的出射边发送消息给其他顶点。这些信息将会在下一个超步（S+1）中被目标顶点接收，然后像上述过程一样开始下一个超步（S+1）的迭代过程。

在 Pregel 中，边一般是有向的。顶点还存在活动（Active）和非活动（Inactive）两种状态，节点的状态将会决定一些算法是否结束。在初始超步中，每个顶点都是活动状态。活动状态的顶点参加本超步的计算，顶点可以通过投票来使自己变成不活动状态，在以后的超步计算中，该顶点就不再参加计算，除非它收到信息后，又变成活动状态。变成活动状态的顶点需要再次投票使自己变成不活动状态，整个计算在所有顶点都处于非活动状态时才停止。

目前，Pregel 的性能、可扩展性和故障恢复能力已经可以满足数十亿顶点的图计算。除 Pregel 外，针对大规模图数据的计算系统还有 Giraph、GraphX、PowerGraph 等。

4.5.2　流处理系统Flink

在很多应用中，数据不是静态的，而是一组大量的、快速的、有顺序的、连续到达的数据序列，这样的数据称为流数据。流数据需要实时处理和分析，对响应时间有很高的要求。在此背景下，针对流数据的实时计算——流计算应运而生。

分布式计算主要分两种：批（Batch）处理和流（Streaming）计算。其中，流计算的主要优势在于其时效性和低延迟。Flink 是一个能够同时处理流数据和批数据的分布式处理系统，用于对无界和有界数据流进行有状态计算，无界数据流指有始无终的数据，数据一旦开始生成就会持续产生新的数据，即数据没有时间边界。无界数据流需要持续不断地处理。有界数据流就是指输入的数据有始有终，对它的处理称为批处理。

Flink 可以同时处理流数据和批数据，还可以支持无状态和有状态的计算。有状态计算是指在处理一个事件或者一条数据时，结果与先前处理事件有关；无状态计算表示处理结果只和事件本身相关。相较于其他流式的计算引擎，Flink 既具有高吞吐和低延迟的特点，同时又具备状态计算、状态管理及处理消息乱序等高级功能。

Flink 系统架构与大多数典型分布式架构类似，同样遵循 Master-Slave 架构设计原则。在 Flink 运行过程中涉及两个处理器：JobManager 处理器和 TaskManager 处理器。JobManager 处理器也称为 Master，用来调度 Task、协调检查点、协调失败时恢复等。Flink 运行时至少存在一个 Master 处理器，如果配置高可用模式则会存在多个 Master 处理器，它们其中有一个是 Leader，其他的都是 Standby。TaskManager 处理器也称为 Worker，用于执行一个任务（或者特殊的子任务）、数据缓冲和数据流的交换。Flink 运行时至少会存在一个 Worker 处理器。

为 Flink 任务调度如图 4-12 所示。

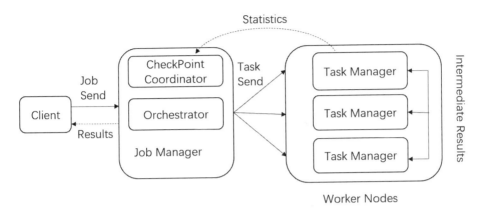

图4-12　Flink任务调度

4.6　本章小结

大数据处理在并行性、可靠性和实时性方面有很高的要求，硬件系统部署和软件开发是一个复杂的系统工程，耗费了开发者很多精力，而大数据处理框架的出现改变了这一局面。本章以谷歌大数据处理系统及其对应的开源实现为例，介绍了大数据处理和分析的典型框架的结构和原理，如分布式计算框架 Hadoop MapReduce、快速计算框架 Spark、图计算系统 Pregel 和流处理系统 Flink。

4.7　习题

1. MapReduce 框架需要实现哪些功能？
2. map 函数和 reduce 函数分别完成什么任务？描述两个函数各自的输入、输出和处理过程。
3. 画图描述 Hadoop MapReduce 架构，并对每个模块的主要功能进行描述。
4. 画图描述 Hadoop MapReduce 的工作流程。
5. Spark 的主要应用场景有哪些？
6. 什么是 DAG？举例说明。

第5章

CHAPTER 5

大数据机器学习

大数据是一种高容量、高速度、多样化的信息资产，海量数据中蕴含着重要的价值。然而，大数据规模及其复杂性远远超出了人类的理解范围，需要借助机器学习和数据挖掘技术发现数据内部的模式和关联，从中学习到有用的知识，从而为企业和政府决策提供支持。机器学习是进行数据分析和处理的强有力的工具，传统机器学习处理数据的规模和方法都与大数据集群方式不同，因此需要结合大数据分布式处理环境和机器学习的最新发展充分挖掘和利用大数据中的价值。本章根据学习方式或学习任务的不同，对机器学习内容进行分类介绍，使读者对机器学习的概念、常用机器学习分类与方法、机器学习资源等有一个整体认识。

5.1 机器学习简介

5.1.1 机器学习的定义

机器学习是人工智能的一个分支，是一个涉及多学科多领域的交叉学科。机器学习的主要研究对象是人工智能，涉及计算机科学、应用数学、控制理论等多个学科的知识，具有基础性强、实践性高、应用性广的特点。作为实现人工智能的关键途径之一，机器学习主要以数据或历史经验为基本出发点，致力于设计和开发一些能让计算机自动"学习"的算法，进而有效解决人工智能领域中的某些实际问题。

机器学习注重从数据中自动分析并发现潜在的规律或模式，然后利用发现的规律或模式对未知数据进行处理。由于机器学习涉及大量统计学的相关知识，特别是与推断统计学的联系十分密切，因此机器学习有时也被称为统计学习。

现实生活中的很多实际问题都可以通过机器学习来设计一些可实现的、可操作的并且行之有效的算法模型，但仍然有一些特殊的实际问题是无具体章程、无具体规律或无具体程序可循的。对于这些特殊的实际问题，机器学习依然可以设计和开发一些容易被人理解的近似的数据分析算法来寻求次优解，这些次优解大多数情况下也能达到解决问题的目的。

5.1.2 机器学习的分类

1. 根据学习方式分类

机器学习的主要目的是"学习"一些有用的规律或模式；类似学生对知识的学习，对相同的知识点，不同的学生采用的学习方法可能并不相同，但都可以达到掌握知识的目的。机器学习也一样，针对不同的应用场景，也会用不同的学习方式去发现数据背后的规律或模式。按照学习方式的不同，机器学习可以分为有监督学习、无监督学习、弱监督学习、强化学习四种类型，其中弱监督学习可以认为是有监督学习与无监督学习的一种结合。

（1）有监督学习是根据训练数据样本学习得到一个模型，并用该模型对后续样本数据进行推理。例如，如果要识别各种动物的图像，首先需要用人工标注好（标好每张图像所属的类别，如鸡、鸭、鹅）的样本数据进行训练，该训练过程就是学习的过程，最后可以得到一个模型；接下来，就可以用该模型对未知类别的动物进行判别，这一判别过程称为预测。如果只是预测一个类别值，那么该类问题称为分类问题；如果要预测出一个实数，那么该类问题称为回归问题，如根据一个人的学历、所属行业、工作年限、技术等级、工作城市等特征预测这个人的收入。

（2）无监督学习是让机器学习直接对给定的一些数据进行分析和处理，得到数据的某些知识。与有监督学习不同，无监督学习没有训练过程，其典型代表是聚类。例如，某超市工作人员不小心将不同种类的 1 万颗豆（假设是黄豆、绿豆、黑豆）混在了一起，超市管理人员要求对这些豆进行归类。在这里，我们并没有事先定义好类别，也没有已经训练好的归类模型，聚类算法要自己完成对这 1 万颗豆的归类。如果按颜色归类，那么可以分为三类，分别是黄色的豆、绿色的豆和黑色的豆；如果按照形状归类，那么可以分为两类，分别是椭圆形的豆和短圆柱形的豆。归类的过程就是无监督学习的过程，归类后的每一类的具体解释或说明，就是我们获取到的数据中所蕴含的知识。无监督学习的另外一类典型算法是数据降维，它可以将一个高维向量变换到低维空间中，并且可以保持数据的一些内在信息和结构。

（3）弱监督学习是监督学习和无监督学习的混合模式。弱监督学习可以分为三种类型：不完全监督、不确切监督、不精确监督。不完全监督是指训练数据中只有一部分数据有标签，有一些数据是没有标签的；不确切监督是指训练数据只给出了粗粒度标签；不精确监督是指给出的标签不总是正确的。例如，某个袋子里有很多水果，有的水果有标签，有的水果没有标签，这种情况就是不完全监督；如果只知道袋子里有水果，但是不知道袋子里水果的位置、个数等，这种情况就是不确切监督；如果袋子里的水果都有标签，但是有些水果的标签是错的，这种情况就是不确切监督。

（4）强化学习是特殊的机器学习算法，此算法要根据当前的环境状态确定一个动作来执行，然后进入下一个状态，如此反复，目标是使得到的收益最大化。围棋游戏就是一个典型的强化学习问题，在每个落子的时刻，都要根据当前的棋面局势决定下一颗棋子在什么地方落下，反复地放置棋子，直到赢得或者输掉比赛。这里的目标是尽可能赢得比赛，以获得最大化的奖励。

2. 根据学习任务分类

机器学习也可以根据学习的问题或任务来分类。按照所要完成的任务来分，机器学习可分为分类算法、回归算法、聚类算法、强化学习算法等。

（1）分类算法主要解决"是什么"的问题，即根据一个样本预测出它所属的类别。例如，通过对 1 万颗豆（黄豆、绿豆、黑豆）选择合适的特征进行训练（注意，这里的标注是三种类型的豆），得到一个预测模型，接下来就可以通过该模型预测后续任何一颗豆所属的类别。

（2）回归算法主要解决"是多少"的问题，即根据一个样本预测出一个数量值。例如，通过对 1 万颗豆选择合适的特征进行训练（注意，这里的标注是豆的直径），就可以预测后续任何一颗豆的直径，这里的直径是具体的值。

（3）聚类算法主要解决"怎么分"的问题，即如何保证同一个类的样本尽可能相似，不同类的样本之间尽可能不同。聚类算法是无监督学习的典型代表，前面已有介绍，这里不再赘述。

（4）强化学习算法主要解决"怎么做"的问题，即根据当前的状态决定执行什么操作，最后得到最大的回报。

按照前面根据学习方式的不同对机器学习的划分，分类算法和回归算法可认为是监督学习的范畴，聚类算法属于无监督学习的范畴，强化学习算法是强化学习的范畴。

3. 根据功能或形式分类

根据算法的功能或形式的类似性，也可以对机器学习进行归类。当然，机器学习的范围是非常庞大和宽泛的，有些算法很难明确归属到哪一类，因此，这里尽量把常用的算法按照最容易理解的方式进行归类，具体如下。

回归算法是采用对误差的衡量来探索变量之间关系的一类算法。在机器学习领域，回归既可以指代一类问题，即回归问题；也可以指代一类算法，即回归算法。对于初学者而言，要结合上下文来理解，这样才不会产生太多困惑。常见的回归算法包括最小二乘法、逻辑回归、逐步回归、多元自适应回归样条（MARS）及本地散点平滑估计等。

基于实例的算法是先选取一批样本数据，然后根据某些近似性将新数据和样本数据进行比较，进而寻找最佳匹配的算法。基于实例的算法常常用来对决策问题进行建模，有时也被称为"赢家通吃学习"或者"基于记忆的学习"。常见的基于实例的算法包括 KNN（k-Nearest Neighbor，k- 最近邻算法）、学习矢量量化（Learning Vector Quantization，LVQ）及自组织映射算法（Self-Organizing Map，SOM）等。

正则化方法是根据算法的复杂度对算法进行调整的一类算法，一般是回归算法的一种延伸。正则化方法通常对简单模型予以奖励而对复杂模型予以惩罚。常见的正则化算法包括 Ridge Regression（岭回归）、Least Absolute Shrinkage and Selection Operator（LASSO 回归）及弹性网络等。

决策树算法是根据数据的条件特征构建一种树形结构，以此形成决策模型的一类算法。决策树算法既可用来解决分类问题，也可用来处理回归问题，处理分类问题的决策树称为分类决策树，处理回归问题的决策树称为回归决策树。常见的决策树算法包括分类及回归树（CART）、ID3、C4.5 决策树、CHAID（卡方自动交互检测）、随机森林、多元自适应回归样条及梯度提升机（GBM）等。

基于贝叶斯方法的算法是一类基于贝叶斯定理的机器学习算法，主要解决分类和回归问题。常见的基于贝叶斯方法的算法包括朴素贝叶斯算法、平均单一依赖估计（AODE）及贝叶斯信念网络（BBN）等。

基于核的算法是把输入数据映射到一个高阶向量空间的一类算法。有些分类或者回归问题采用基于核的算法更容易解决。常见的基于核的算法包括支持向量机、径向基函数（RBF）及线性判别分析（LDA）等。

聚类算法是按照中心点或者分层的方式对输入数据进行归并的一类算法。聚类算法常见的模式是试图找到数据的内在结构，以便按照最大的共同点将数据进行归类。常见的聚类算法包括K-means算法、FCM（模糊C均值）算法及期望最大化算法（EM）等。

关联规则学习算法是通过寻找最能够解释数据变量之间关系的规则，来找出大量多元数据集中有用的关联规则的一类算法。常见关联规则学习算法包括Apriori算法及Eclat算法等。

人工神经网络是模拟生物神经网络进行模式匹配的一类算法。该类算法常被用于解决分类和回归问题。人工神经网络是机器学习的一个庞大的分支，有几百种不同的算法（深度学习算法是其中之一）。常见的人工神经网络算法包括感知器神经网络模型、反向传播（Back Propagation，BP）算法、Hopfield神经网络等。

深度学习是对人工神经网络的发展，是一类多层次的网络结构算法，在最近几年得到了国内外的广泛关注。随着计算机算力的日益廉价，深度学习试图建立更大、更复杂的神经网络。很多深度学习算法通常是半监督学习方式的算法，常用来处理存在少量未标识数据的大规模数据集。常见的深度学习算法包括受限玻尔兹曼机（RBN）、深度信念网络（DBN）、卷积神经网络（CNN）及堆栈式自动编码器。

降低维度算法是以非监督学习形式，试图利用较少的信息来归纳或解释数据进而降低数据维度的算法。与聚类算法类似，降低维度算法也试图分析数据的内在结构。这类算法可以用于高维数据的可视化或者用来简化数据，以便进一步为监督学习所使用。常见的降低维度算法包括主成分分析（PCA）、偏最小二乘回归（PLS）、多维尺度（MDS）及投影寻踪算法等。

集成学习算法是用一些相对较弱的学习模型独立地对同样的样本进行训练，然后把结果整合起来进行整体预测的一类算法。集成学习算法的主要难点是究竟集成哪些独立的较弱的学习模型及如何把学习结果整合起来。这种学习算法非常强大，同时也非常流行。常见的集成学习算法包括Boosting、AdaBoost、GBM、随机森林等。

5.1.3　机器学习的历史

最早的机器学习算法可以追溯到20世纪，但机器学习的发展并不是一帆风顺的。从20世纪50年代开始研究机器学习以来，按照不同时期的研究途径和研究目标的差异，本书将机器学习的历史粗略地划分为五个时期。

1. 基础奠定的热烈期

机器学习的第一个发展时期是20世纪50年代到60年代中叶，可被称为基础奠定的热烈期。

该时期主要研究"有无知识的学习"。这类方法主要研究系统的执行能力，通过对机器的环境及其相应性能参数的改变来检测系统反馈的数据。这就好比给系统一个程序，改变它起作用的自由空间，系统将会受到程序的影响而改变自身的组织，最后该系统将会选择一个最优的环境生存。该时期的代表性成果如下。

1949 年，Hebb 基于神经心理学的学习机制开启了机器学习的第一步，他提出的 Hebb 学习规则为神经网络的学习算法奠定了基础。Hebb 学习规则是一个无监督学习规则，这种学习的结果是使网络能够提取训练集的统计特性，从而把输入信息按照它们的相似性程度划分为若干类，这一点与人类根据事物的统计特征观察和认识世界的过程非常吻合。同时，Hebb 学习规则与"条件反射"机理一致，并且已经得到了神经细胞学说的证实，如巴甫洛夫的条件反射实验：每次给狗喂食前都先摇响铃，时间一长，狗就会将铃声和食物联系起来，即便以后响铃但是不给食物，狗也会流口水。

1950 年，阿兰·图灵创造了图灵测试来判断计算机是否具有智能。图灵认为，如果一台机器能够与人类展开对话（通过电传设备）而不被辨别出其机器身份，那么就称这台机器具有智能。2014 年 6 月 8 日，一台计算机（计算机尤金·古斯特曼是一个聊天机器人，一个计算机程序）成功让人类相信它是一个 13 岁的男孩，成为有史以来首台通过图灵测试的计算机，这被认为是人工智能发展的一个里程碑事件。

1952 年，IBM 科学家亚瑟·塞缪尔开发了一个跳棋程序。该程序能够通过观察当前棋子位置，并学习一个隐含的模型，为后续动作提供更好的指导。塞缪尔发现，伴随着该游戏程序运行时间的增加，其可以实现越来越好的后续指导。通过该程序，塞缪尔驳倒了普罗维登斯提出的机器无法超越人类的理论。他创造了"机器学习"的概念，并将其定义为"可以提供计算机能力而无须显式编程的研究领域"。

1957 年，罗森·布拉特基于神经感知科学背景提出了第二模型，其非常类似今天的机器学习模型。这在当时是一个非常令人兴奋的发现，它比 Hebb 的想法更实用。基于该模型，罗森·布拉特设计出了第一个计算机神经网络——感知机，它模拟了人脑的运作方式。三年后，维德罗首次将 Delta 学习规则用于感知机的训练，这种方法后来被称为最小二乘法。这两者的结合创造了一个良好的线性分类器。

1967 年，最近邻算法出现，从此之后计算机便可以进行简单的模式识别。最近邻算法的基本过程是，如果一个样本在特征空间中的 k 个最相邻的样本中的大多数属于某一个类别，则该样本也属于这一类别，并具有该类别上样本的特性。该方法只依据最邻近的一个或者几个样本的类别来决定待分类样本所属类别。最近邻算法的优点是易于理解和实现，无须估计参数，无须训练，适合对稀有事件进行分类，特别适合处理多分类问题。

1969 年，马文·明斯基将感知器兴奋推到最高顶峰，他提出了著名的 XOR（Exclusive OR，异或）问题和感知器数据线性不可分的情形。同时，明斯基还开发出了世界上最早的能够模拟人类活动的机器人 Robot C，使机器人技术跃上了一个新台阶。另外，明斯基的另一个重大贡献是创建了著名的"思维机器公司"，开发具有智能的计算机。此后，神经网络的研究处于休眠状态，直到 20 世纪 80 年代。BP 算法思想由林纳因马在 1970 年提出的，并将其称为"自动分化反向模式"，但是并未引起足够的关注。

2. 机器模拟人类学习的停滞期

机器学习的第二个发展时期是从 20 世纪 60 年代中叶到 70 年代中叶，此时期称为机器模拟人类学习的停滞期。这个时期，整个人工智能领域的发展都遭遇了瓶颈，主要原因是计算机技术发展滞后。当时计算机的内存非常有限，计算机的处理速度不足以解决任何实际的人工智能问题。研究者发现，要求当时的计算机达到像儿童一样认识世界的水平实在是太难了，因为当时还没有人能做出符合需求的数据库，同时也没有人知道一个程序怎么样才能学到如此丰富的信息。另外，神经网络由于没有很好的理论支持，未能达到预期的效果，从而进入低潮期。

这一时期的机器学习主要研究如何将各个领域的知识植入计算机系统，然后通过机器模拟人类学习的过程。该时期的主要特点是用各种符号表示机器语言。研究人员在进行实验时发现，学习是一个长期的过程，在当时的计算机系统环境下无法学到更加深入的知识。为了模拟人类的学习过程，研究人员又尝试将专家经验加入系统，经过实践证明，这种方法取得了一定的成效。在这一时期，机器能够采用符号描述概念（符号概念获取），并提出关于概念学习的各种假设，其具有代表性的工作是温斯顿的结构学习系统和海斯·罗思等的基于逻辑的归纳学习系统，但这两类系统只能学习单一概念，而且未能投入实际应用。

3. 不同学习策略和方法涌现的复苏期

机器学习的第三个发展时期是从 20 世纪 70 年代中叶到 80 年代中叶，称为不同学习策略和方法涌现的复苏期。在这一时期，研究人员对机器学习的研究已逐步从单个概念的学习扩展到多个概念，同时探索不同的学习策略和学习方法。另外，计算机技术也得到了快速发展，已经可以把学习系统与各种应用结合起来。同时，专家系统在知识获取方面的需求也极大地刺激了机器学习的研究和发展。在第一个专家系统出现之后，归纳学习系统成为研究的主流，自动知识获取成为机器学习应用的研究目标。机器学习在大量的实践应用中又回到人们的视线中，开始逐渐复苏。这一时期的代表性事件如下。

1980 年，第一届机器学习国际研讨会在美国的卡内基梅隆大学召开，此次会议标志着机器学习研究已在全世界兴起。此后，机器学习开始得到大量的应用。

1981 年，多层感知机（MLP）在深度神经网络算法中被具体提出，BP 算法成为今天神经网络架构的关键因素。

1984 年，Simon 等 20 多位人工智能专家共同撰写的 *Machine Learning* 文集第二卷出版，国际性杂志 *Machine Learning* 创刊，更加显示出机器学习突飞猛进的发展趋势。

1985—1986 年，神经网络研究人员提出了 MLP 与 BP 训练相结合的理念。

1986 年，机器学习中的著名算法——决策树被提出，该决策树算法就是现在的 ID3 算法。决策树算法由于具有可解释性的优势，成为另一个主流机器学习的火花点。此外，与黑盒神经网络模型截然不同的是，ID3 算法也被开发成一个软件，可以用于分析数据，也可以用来预测数据。

4. 学科交叉的兴盛期

机器学习的第四个发展时期是 20 世纪 80 年代中叶至 21 世纪初，这是机器学习发展的新阶段，称为学科交叉的兴盛期。该时期的机器学习已成为一个新的学科，它综合应用了心理学、生物学、神经生理学、数学、自动化和计算机科学等，形成了机器学习理论基础；同时还融合了各种学习方法，形式多样的集成学习系统研究正在兴起；机器学习与人工智能各种基础问题的统一性观点正在形成，各种学习方法的应用范围不断扩大，部分研究成果已转化为产品；与机器学习有关的学术活动空前活跃。这一时期的代表性事件如下。

1990 年，Schapire 最先构造出一种多项式级的算法，这就是最初的 Boosting 算法。一年后，Freund 提出了一种效率更高的 Boosting 算法。在实践上，这两种算法存在共同的缺陷，那就是需要事先知道弱学习算法学习正确率的下限。

1995 年，Freund 和 Schapire 改进了 Boosting 算法，提出了 AdaBoost 算法。该算法的效率和 Freund 于 1991 年提出的 Boosting 算法几乎相同，但不需要任何关于弱学习器的先验知识，因而更容易应用到实际问题中。

同年，支持向量机被提出，这成为机器学习领域一个重要的突破。支持向量机在以前许多神经网络模型不能解决的任务中取得了良好的效果。此外，支持向量机能够利用所有的先验知识做凸优化选择，产生准确的理论和核模型。因此，它可以推动不同的学科产生理论和实践改进。

2001 年，另一个集成决策树模型由布雷曼提出，它由一个随机子集的实例组成，并且每个节点都从一系列随机子集中选择。由于这一性质，该模型被称为随机森林（RF）。随机森林在理论和经验上证明了对过拟合的抵抗性，且对数据过拟合和离群实例都表现出了更稳健的性能。

5. 机器学习大放光芒的蓬勃期

机器学习的第五个发展时期是 21 世纪初至今，称为机器学习大放光芒的蓬勃期。此时的机器学习发展分为两个部分：浅层学习和深度学习。浅层学习起源于 20 世纪 20 年代神经网络的 BP 算法，其使得基于统计的机器学习算法大行其道。虽然这时的神经网络也被称为多层感知机，但由于多层网络训练困难，因此，这一时期的神经网络模型通常都是只有一层隐含层的浅层模型。

神经网络研究领域领军者 Hinton 在 2006 年提出了神经网络深度学习算法，使神经网络的能力大大提高，掀起了深度学习在学术界和工业界的研究浪潮。Hinton 的学生 Yann LeCun 的 LeNets 深度学习网络可以被广泛应用在全球的 ATM 机和银行之中。同时，Yann LeCun 和吴恩达等人认为可以通过卷积神经网络使神经网络实现快速训练，因为其所占用的内存非常小，无须在图像上的每一个位置都单独存储滤镜，因此非常适合用于构建可扩展的深度网络，卷积神经网络因此非常适合识别模型。

2015 年，为纪念人工智能概念提出 60 周年，Yann LeCun、Bengio 和 Hinton 推出了深度学习的联合综述。深度学习可以让那些拥有多个处理层的计算模型来学习具有多层次抽象的数据的表示。这些方法可以应用于众多领域，包括最先进的语音识别、视觉对象识别、对象检测等。深度学习能够发现大数据中的复杂结构，在处理图像、视频和音频方面有新的突破；而递归网络在处理序列数据，如文本和语音方面表现出了优秀的性能。

从目前来看，虽然神经网络模型貌似能够完成更加艰难的任务，如目标识别、语音识别、自然语言处理等。但是，应该注意的是，这绝对不意味着其他机器学习方法终结。尽管深度学习的成功案例迅速增长，但是对这些模型的训练成本是相当高的，调整外部参数也很麻烦。同时，其他机器学习算法，如支持向量机、决策树等由于使用简单，也成为目前广泛使用的机器学习算法。

5.1.4　机器学习与数据挖掘的关系

从数据分析与处理的角度来看，机器学习和数据挖掘有很多相似的地方，也有很多不同的地方。机器学习专门研究计算机怎样模拟或实现人类的学习和分析行为，而数据挖掘则注重从海量数据中获取有效的、新颖的、潜在有用的、最终可理解的规律或模式。数据挖掘中会研究、拓展、应用机器学习中的大量数据分析技术，同时也会用到数据库中的数据管理技术。因此，数据挖掘可认为是机器学习和数据库技术的联合应用。

机器学习是涉及概率论、统计学、逼近论、凸分析、算法复杂度理论等多门学科的交叉领域。机器学习可以用在数据挖掘上，但其并不从属于数据挖掘，因为机器学习中也包含一些与数据挖掘相关的子领域，如增强学习、自动控制等。

机器学习对样本数据的要求不那么苛刻，传统的机器学习分析和处理的往往是小数据集或中数据集，而数据挖掘则从大量数据出发，去发现数据中有用的规律或模式，数据量不足会导致发现的规律或模式产生偏差。

机器学习探索的是人的学习机制，而数据挖掘是针对海量数据进行处理的过程。从这一意义上看，机器学习更注重计算机学习的过程，而数据挖掘更在意从数据中挖掘出的信息，两个领域有相当大的重复部分，但不能认为二者是一个相同的概念。

5.2 数据

5.2.1 数据概述

在对机器学习进行介绍之前，首先要介绍数据的相关知识。

首先，数据（Data）是事实或观察的结果，是对客观事物的逻辑归纳，是用于表示客观事物的未经加工的原始素材。

其次，数据与信息是密不可分的。数据的解释是指对数据含义的说明，数据的含义就是数据表示的信息。数据是信息的表现形式和载体，可以是符号、文字、数字、语音、视频等。数据和信息是不可分离的，数据是信息的表达，信息是数据的内涵。数据本身没有意义，数据只有对实体行为产生影响时才会成为信息。

同时，数据的呈现形式是多样化的。数据可以是某个区间上产生的连续值，如视频、图像、文字、声音等，这类数据通常被称为模拟数据；也可以是由阿拉伯数字和符号构成的离散数据，如各种统计或测量数据，这类数据通常被称为数字数据。

另外，如果将数据按其性质进行分类，可分为四类：①定位的数据，即各种坐标数据，如二维坐标轴上的某个点；②定性的数据，即表示事物属性的数据，如居民地、河流、道路等；③定量的数据，即能反映事物数量特征的数据，如长度、面积、体积等几何量或质量、速度等物理量；④定时的数据，即反映事物时间特性的数据，如年、月、日、时、分、秒等。

5.2.2 带有标签的数据和不带标签的数据

带有标签的数据是机器学习中频繁提到的一个概念。简单来说，标签就是为数据蕴含的整体信息做的某种标记。例如，对于一张家禽（假设是鸡、鸭、鹅的一种）的照片，计算机不知道它代表的是鸡还是鸭或者是鹅，这就需要为该图片增加一个"鸡"（假设是鸡）的标记，以告诉计算机这是鸡。计算机对很多带有标记的家禽图片进行学习，之后给计算机任意一张家禽的图片，它就能认出这是哪一种家禽。相反，没有任何标记的数据就是不带标签的数据，如上面任意给计算机的一张家禽照片就是不带标签的数据。

从人操作的角度来看，对数据进行标注是一个简单但十分烦琐的过程。在进行数据标注之前，首先要对数据进行必要的清洗，去除其中的无效数据，统一数据格式，进而得到符合要求的样本数据。当然，数据的标注类型也有很多种，具体如下。

（1）分类标注。分类标注就是打标签，一般是从既定的标签中选择数据对应的标签，此时的标签是一个封闭的标签集合的某个元素。例如，对家禽照片进行标注时，是从集合{鸡，鸭，鹅，其他}中选择合适的标签对图片进行标注。另外，对于文字的数据，可以标注为主语、谓语、宾语、名词、动词等。

（2）标框标注。标框标注是在计算机视觉领域经常用到的一种标注形式。这种标注形式很容易理解，就是将要检测的对象或目标用框框选出来。例如，计算机进行人脸识别时，首先要把人脸的位置确定下来，然后才能进行后续操作。

（3）区域标注。区域标注是比标框标注要求更加精确的标注形式。区域标注的边缘可以是柔性的，如在自动驾驶研究中进行道路识别时，会对道路这一区域进行标注。

（4）描点标注。描点标注是一些对特征要求细致的应用中常常用到的标注形式，如人脸识别、骨骼识别时，通过描点的形式进行标注。

（5）其他标注。除了上面几种常见的标注类型外，还有很多个性化的标注类型。根据不同的需求可采用不同的标注，如自动摘要，就需要标注文章的主要观点，这时的标注严格来说不属于上面的任何一种。

5.2.3　训练数据、测试数据、验证数据

简单来说，训练数据是为了训练机器学习算法而提前标注好的数据，测试数据是为了验证学习好的模型在遇到新数据时的准确度而设置的数据。需要注意的是，测试数据也是标注好的数据，但是在验证过程中并未用到这些标注，在计算准确度时才会用到这些标注。例如，假设有1000张标注着"苹果"的图片，将这些数据随机划分为900张和100张两组，其中900张这一组作为训练数据，100张这一组作为测试数据。首先，机器会从这900张苹果图片中学习得到一个模型；然后，将剩下的100张图片让机器识别，这样就能够得到该模型的准确率。

验证数据是训练模型时保留的数据样本。训练过程中可依据验证数据集上的评估结果完成模型超参数的调整和确定，验证数据集在避免过拟合问题中经常用到。例如，同样是1000张苹果图片，将其分为800张、100张和100张三组，其中800张这一组作为训练数据，100张这两组分别作为测试数据和验证数据。在训练模型时，我们会用100张验证数据评估模型的泛化能力，当达到一定标准时就停止对模型的训练，然后用100张测试数据对模型进行测试，计算模型的准确率。

一般而言，就机器学习中某个问题而言，所有训练数据的集合是训练集，即用来训练模型的集合；所有测试数据的集合是测试集，即模型训练完成后用来检验模型的集合；所有验证数据的集合是验证集，即训练过程中用来评估模型的集合。其中，验证数据与测试数据可以互换使用，

它们都指代从训练模型中保留的数据集样本，有时也可以不用验证数据。

5.3 有监督学习

5.3.1 有监督学习简介

有监督学习是机器学习中一种常见的模型学习方式。有监督学习的基本过程通常是先从带有标注的数据中学习数据模型，然后利用学习好的模型进行后续预测。数据模型的学习过程也就是利用带有标注的数据训练模型的过程。通俗地说，训练模型的过程就是通过带有标注的训练数据学习产生一种最优预测模式，而预测的过程则是利用已经训练好的模型对未知标记的样本数据进行标注。

从数学形式上来说，有监督学习先利用训练数据集训练一个预测模型，然后对测试集的标注进行预测。训练数据一般是由输入和输出对组成的集合，通常表示如下。

$$T = \left\{ \left(x_1, y_1 \right), \left(x_2, y_2 \right), \cdots, \left(x_n, y_n \right) \right\}$$

式中，T 为训练数据的集合；(x_i, y_i) 为一条训练样本数据，其中输入 x_i 表示样本数据的条件特征，输出 y_i 表示样本数据的决策属性。

条件特征一般可以有多个；决策属性通常就是标注内容，可以是一个也可以是多个（多个标记的情况属于多标记有监督学习问题）。

测试数据也由相应的输入和输出对组成。通常情况下，测试数据的输出是未知的，但是有时候我们为了检验所训练出的模型的效果，会用已知输出的数据作为测试数据，只不过在预测过程中我们仅用到了这些数据的条件特征值，而在检验预测结果的时候才会用到数据的输出。

在监督学习中，如果输入与输出均为连续变量，那么该预测问题就是一个回归问题；如果输出为有限个离散变量，那么该预测问题就是一个分类问题；如果输入与输出均为变量序列，那么该预测问题就是一个标注问题。

5.3.2 回归

联系是普遍存在的。事物与事物之间或事物的内部各要素之间的相互关联是一个普遍的规律。如果将事物或事物的各要素通俗地理解为一个又一个的变量，那么变量之间的相关关联也是普遍存在的，只是紧密程度不一样。一种极端的情况是一个变量的变化可以完全决定另一个变量的变化。如已知银行的存款利率为 2.55%，若存入的本金用 x 表示，到期的本息用 y 表示，则 $y=x+2.55\%x$，这里本息的变化完全由变量本金来确定；又如，一家保险公司承保汽车 5 万辆，每辆车的保费收入为 1000 元，则该保险公司汽车承保总收入为 5000 万元。如果把汽车的承保收入记为 y，承保汽车的数量记为 x，则 $y=1000x$，变量 x 和变量 y 完全表现为一种确定性关系，即函数关系，如图 5-1 所示。

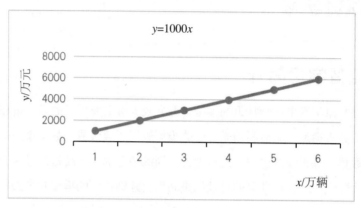

图5-1　变量x和变量y之间的确定性关系图

　　确定性关系或函数关系在经济学、物理学、初等数学等各个学科普遍存在，然而现实生活中还有不少情况是两个事物间有着密切的关系，但它们没有达到由一个事物完全确定另一个事物的程度。例如，粮食的产量 y 与施肥量 x 之间有着密切的关系，在一定的范围内，施肥量越多，粮食的产量就越高。但是，施肥量并不能完全决定粮食产量，因为粮食产量还与降雨量、田间管理水平等其他因素有关。因此，粮食产量 y 与施肥量 x 之间不存在确定的函数关系。再如，假设某种高档消费品的销售量与城镇居民收入密切相关是一个普遍存在的事实，即居民收入高，这种消费品的销售量就大。但是，由居民收入 x 并不能完全确定某种高档消费品的销售量 y，因为高档消费品的销售量还受人们的消费习惯、心理因素、其他商品的吸引程度等诸多因素的影响，这样变量 y 和变量 x 就是一种非确定的关系，如图 5-2 所示。

　　从图 5-1 可看到确定性的函数关系，各对应点完全落在一条直线上；而由图 5-2 可以看到各对应点并不完全落在一条直线上，即有的点在直线上，有的点在直线两侧。这种对应点不能分布在一条直线上的变量间的关系，即变量 x 与 y 之间有一定的关系，但是又没有密切到可以通过 x 唯一确定 y 的程度，正是统计学中研究的重要内容。在推断统计中，我们把上述变量间具有密切关联而又不能由某一个或某一些变量唯一确定另外一个变量的关系称为变量间的统计关系或相关关系。这种统计关系的规律性是统计学研究的主要对象，现代统计学中关于统计关系的研究已形成两个重要的分支，分别是回归分析和相关分析，本书主要讨论回归关系。

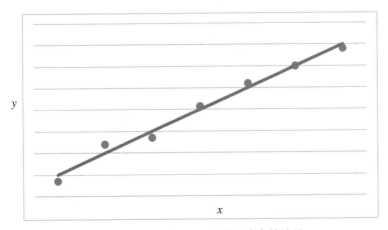

图5-2　变量x和变量y之间的不确定性关系

回归分析是处理变量 x 和变量 y 之间关系的一种统计分析方法。在机器学习中，回归分析是一种用于数值预测的技术。在实际问题中，可以把 x 称为自变量，y 称为因变量，如果要由 x 预测 y，就是要利用 x、y 的观察值，即样本观察值，形如 $(x_1, y_1), (x_2, y_2), \cdots, (x_n, y_n)$，建立一个函数，当给定了一个新的 x 值后，代入此函数即可算出一个 y 值，这个值就是 y 的预测值。

那么如何建立这个函数？这就要从样本观测值 $(x_i, y_i)(i=1,2,\cdots,n)$ 出发，观察样本观测值在平面直角坐标系上的分布情况。假设样本点基本分布在一条直线的周围，要确定商品销售量 y 与居民收入 x 的关系，可考虑用一个线性函数来描述，即

$$y = a + bx$$

上式中参数 a 和 b 的值尚不知道，这就需要由样本数据来估计参数 a 和 b 的值。

当根据样本数据估计出参数 a 和 b 的值后，以参数估计值 $\hat{a}$ 和 $\hat{b}$ 分别代替公式中的参数 a 和 b，得到方程：

$$y = \hat{a} + \hat{b}x$$

这个公式就称为回归方程。这里因为因变量 y 与自变量 x 呈线性关系，所以上式为变量 x 和变量 y 的线性回归方程，a 和 b 分别称为回归常数和回归系数，$\hat{a}$ 和 $\hat{b}$ 分别称为回归常数和回归系数的估计值。

"回归"一词由英国统计学家 F. 高尔顿提出。高尔顿是达尔文的表兄，他对达尔文的进化论学说特别痴迷，一直希望将进化论的理论应用到实际中。高尔顿和他的学生、现代统计学的奠基者之一 K. 皮尔逊在研究父母身高与其子女身高的遗传问题时观察了 1078 对夫妇，以每对夫妇的平均身高作为 x，而取他们的一个成年儿子的身高作为 y，将结果在平面直角坐标系上绘成散点图，发现趋势近似一条直线。其计算出的回归直线方程如下。

$$\hat{y} = 33.73 + 0.516x$$

这种趋势及回归方程总地表明，父母平均身高 x 每增加一个单位，其成年儿子的身高 y 平均增加 0.516 单位。该结果表明，虽然高个子父辈的确有生高个子儿子的趋势，但父辈身高增加一个单位，儿子身高仅增加半个单位左右；反之，矮个子父辈的确有生矮个子儿子的趋势，但父辈身高减少一个单位，儿子身高也减少半个单位左右。通俗地说，一群特高个子父辈的儿子们在同龄人中平均仅为高个子，一群高个子父辈的儿子们在同龄人中平均仅为略高个子，一群特矮个子父辈的儿子们在同龄人中平均仅为矮个子，一群矮个子父辈的儿子们在同龄人中平均仅为略矮个子，即子代的平均高度向中心回归。正是子代的身高有回到同龄人平均身高的这种趋势，才使人类的身高在一定时间内相对稳定，没有出现父辈个子高其子女更高、父辈个子矮其子女更矮的两极分化现象。该例子生动地说明了生物学中"种"的概念的稳定性。

正是为了描述这种有趣的现象，高尔顿引进了"回归"这个名词来描述父辈身高 x 与子辈身高 y 的关系。尽管"回归"这个名称的由来具有其特定的含义，我们现在常把这种"回归"现象称为均值回归或者平庸回归，而在大量现实问题中，变量 x 和变量 y 之间的关系并不总是具有这种"回归"的含义，但仍借用这个名词把研究变量 x 和变量 y 之间统计关系的量化方法称为回归分析，也算是对高尔顿这位伟大的统计学家的纪念。

5.3.3 分类

模式识别是机器学习和数据挖掘的重要分支之一，在 20 世纪 60 年代得到迅速发展并逐渐成为一门新兴学科。模式识别的主要研究任务是对表征事物或现象进行信息处理和分析，这里的表征可以是文字、数值、逻辑等多种形式。在国内外学者多年来的研究和发展下，模式识别技术已经在文本分类、语音识别、图像分析、医疗诊断等众多学科领域得到了广泛的应用，已经成为人工智能领域的重要组成部分。

在模式识别中，分类问题是一个非常重要的研究课题。简单来说，分类就是对未知样本按照某种标准给予其对象类标签，这种给予对象类标签的标准通常被称为分类器。一般分类问题的解决主要包括两个方面：分类器的训练和分类器的测试，具体如图 5-3 所示。

如图 5-3 所示，分类器的训练主要是对具有类标签的历史样本数据进行学习。在该过程中，通常以对分类数据引起的错误分类率或造成的损失最低为前提，以最终确定有效的分类规则或分类模型。分类器的测试是指对未知类标签的样本数据，依据训练过程中确定的分类规则或分类模型确定该未知样本类标签。

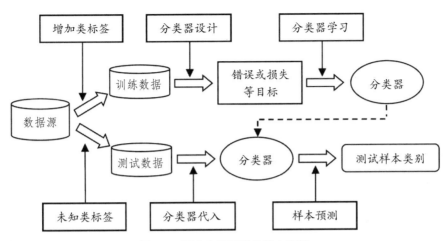

图5-3　解决分类问题的基本步骤

例如，一个有关天气的数据集（该数据的格式是 .arff，一般在开源数据分析软件WEKA中使用。有关数据格式的介绍，读者可自行查阅相关资料）如下，该数据集中包含 14 个样本数据，每条样本数据包括四个条件属性（outlook、temperature、humidity、windy）和 1 个决策属性（play）。

```
@relation weather
@attribute outlook {sunny, overcast, rainy}
@attribute temperature {hot, mild, cool}
@attribute humidity {high, normal}
@attribute windy {TRUE, FALSE}
@attribute play {yes, no}

@data
sunny,hot,high,FALSE,no
sunny,hot,high,TRUE,no
overcast,hot,high,FALSE,yes
rainy,mild,high,FALSE,yes
rainy,cool,normal,FALSE,yes
rainy,cool,normal,TRUE,no
overcast,cool,normal,TRUE,yes
sunny,mild,high,FALSE,no
sunny,cool,normal,FALSE,yes
rainy,mild,normal,FALSE,yes
sunny,mild,normal,TRUE,yes
overcast,mild,high,TRUE,yes
overcast,hot,normal,FALSE,yes
rainy,mild,high,TRUE,no
```

根据上述数据，可知数据源就是天气数据，在采集的天气数据中用到的四个条件属性分别表示阴晴、温度、湿度属性、刮风，而决策属性表示是否能玩游戏，这里的是否能玩游戏就是数据的类标签。

将上述 14 个样本数据作为训练数据，进行模型训练。假设用 C4.5 决策树模型训练分类器，

C4.5 决策树以信息增益率为优化目标进行分类器的学习，最终会得到如图 5-4 所示的树形分类器。

训练好的树形分类器中，共有五个叶子节点和三个内部节点根据该树形分类器，有如下 5 个决策规则。

outlook=sunny，humidity=high →不玩游戏

outlook=sunny，humidity=normal →玩游戏

outlook=overcast →玩游戏

outlook=rainy, windy=TRUE →不玩游戏

outlook=rainy, windy=FALSE →玩游戏

```
outlook = sunny
|      humidity = high: no (3.0)
|      humidity = normal: yes (2.0)
outlook = overcast: yes (4.0)
outlook = rainy
|      windy = TRUE: no (2.0)
|      windy = FALSE: yes (3.0)

Number of Leaves   :

Size of the tree :      8
```

图5-4　训练得到的树形分类器

对于一个未知类标签的测试数据，如"sunny,mild,normal,TRUE"，首先看 outlook 属性是 sunny，然后看 humidity 的属性是 normal，根据决策规则得到该测试数据的类标签是玩游戏。

5.3.4　常见的有监督学习方法

回归问题和分类问题的关键是如何确定一个合适的模型，用于后续预测。随着计算机技术及数据库技术的快速发展，基于不同的判别函数或优化准则，有大量针对有监督问题的模型和方法被提出。按照研究问题的不同，目前主要的有监督学习方法可以分为回归方法（输出的是连续变量）和分类方法（输出的是离散变量）。常见的有监督学习方法有决策树算法、贝叶斯算法、反向传播算法、k-最近邻算法、遗传算法、支持向量机、粗糙集算法和模糊集算法等，这些算法既可以处理回归问题，也可以处理分类问题。本节对这些方法的整体思想进行简单介绍。

1. 决策树算法

决策树算法是一种基于实例的归纳学习算法，通过对数据的特征空间进行递归划分，将给定的样本数据划分到不同的簇中，然后以树的形式将预测规则展示出来。决策树的任何一个分支都可以简单变换为一个预测规则，所有决策树的分支可以变换为一个预测规则库。如何构造一个预测精度高、规模小的决策树是决策树算法的重要研究内容。决策树是一种由内部节点和叶子节点组成的树形结构，它提供了一种简单且可理解的方式描述如何根据过去的知识进行决策。其中，C4.5 决策树算法是 J.Ross Quinlan 等人提出的一种能处理混合属性数据和缺省数据的决策树。2008 年，该算法在数据挖掘领域最受欢迎的十大机器学习算法中排名第一，现在该算法常被作为一种标准算法用于决策树预测规则的提取。

2. 贝叶斯算法

贝叶斯算法是一种统计学预测方法，通过概率统计知识研究类成员关系的可能性，给定样本数据属于某个类别的概率。贝叶斯算法源自统计学的贝叶斯定理，其中最简单、最常见的一种分类模型是朴素贝叶斯。朴素贝叶斯的基本假设是一个属性上的值对特定类的影响独立于其他属性，这种假设通常被称为类条件独立，其目的是简化计算，因此该分类模型在此意义下被称为"朴素的"。然而，在实际应用中，朴素贝叶斯使用的假设往往是不成立的，这也是其预测准确率不高的主要原因。为弥补这个缺陷，产生了降低独立性假设的 TAN 算法。TAN 算法允许每个属性最多可以与其他一个属性相关，该算法是一种同时考虑分类精度和分类效率的折中方案。

3. 反向传播算法

反向传播是一种神经网络的学习算法。神经网络最初是由神经生物学和心理学相关专家提出的，其目的在于模拟生物神经系统的计算。神经网络是一种由相互连接的输入 - 输出神经元组成的网络结构模型，其中存在于神经元间的连接涉及一个权重。在进行网络学习时，通过调整相应的权重，使网络拥有准确预测输入样本类标签的能力。在神经网络中，首先将权重初始化为很小的随机数，然后通过不断迭代处理一组训练样本数据，将每个样本数据的实际类标签与网络预测类标签进行比较，对每个输入样本更新权重，使网络的预测值与样本的实际值间均方误差最小。这种权重的修改方式是由最后的输出层，经由每个中间隐藏层到最前面的隐藏层，因此常被称为"反向传播"。一般情况下，当达到最大的迭代次数或者权重收敛后，学习过程将停止。有的神经网络在外界信息干预的情况下，网络结构能够发生改变，所以它也是一种自适应系统。

神经网络对噪声数据具有较强的抗干扰性，同时又具有较强的数据拟合能力，可以反映输入数据和输出结果之间的复杂关系。神经网络的内部神经元间的复杂连接使其具有较强的记忆能力和学习能力。同时，神经网络简单易懂，便于计算机实现。但是，神经网络也有缺点：首先，神经网络的训练需要很长的时间,在网络中有大量的参数需要确定;其次,当样本数据较少时,神经网络很容易出现过拟合现象,导致最终的分类效果并不理想;最后,神经网络的可解释性差,用加权连接单元的网络得到的推理依据和推理过程很难被解释和理解。

4. K-最近邻算法

K- 最近邻算法是数据挖掘领域非常简单的常用有监督学习算法之一,该算法通常简称为 KNN 算法,在 1968 年由 Cover 和 Hart 等人在 *Machine Learning* 杂志中提出。KNN 算法是一种基于类别的学习过程,假如训练样本可以用 n 维数值属性描述,每个样本数据则表示 n 维空间的一个点,那么所有的训练样本数据将存在一个 n 维空间中。对于一个新的未知类别的样本数据,如果该样本数据在 n 维空间中的 K 个最相邻的样本数据中,大多数样本都属于某一个类别,那么该未知类别的样本数据也可以认为是该类的。这 K 个训练样本被称为未知样本的 K 个"近邻",这种邻近性的度量常用欧几里得距离(即欧氏距离)来表示。

当 K=1 时,未知样本被指定到数据空间中与之最接近的训练样本的类,KNN 算法强调最邻近点的重要性,着重从局部考虑;而 KNN 算法相对更具有普遍性,是从整体考虑。KNN 算法在预测过程中只考虑了少量的相邻样本数据,不需要知道样本数据的整体分布信息,只通过周围有限个邻近的样本就可以确定未知样本所属类别,并不需要类域的信息,因此该方法对于类域交叉较多的样本数据具有较好的预测效果。

KNN 算法具有简单、易于实现、没有估计参数、适合多类别分类问题等优点,但其也有一些不足。第一,KNN 算法认为每个数据属性的作用是相同的,当属性集合中有许多不相关属性时,就会影响分类效果;第二,对于不平衡数据,若一类样本的容量特别大,其他类样本容量特别小,在计算 K 个近邻的过程中会导致分类错误;第三,该算法的计算开销较大,每个未知样本都需要计算它到所有已知样本的距离,才能确定 K 个近邻点;第四,K 值的选取对分类结果也会有一定的影响。

随着 KNN 算法在使用过程中暴露出不足,大量有针对性的改进算法被提出,这些改进算法大体可分为四类:第一类是针对样本筛选,在训练样本数据中,并不是所有的样本点都对分类有作用,选择有代表性的样本点,对降低时间复杂度、提高分类效率具有重要意义;第二类是改进距离度量公式,传统的算法通常采用欧氏距离作为度量标准,除欧氏距离外,还有马氏距离、曼哈顿距离、切比雪夫距离、DTW(动态时间规整)等;第三类是关于查找 K 个近邻样本方法上的改进,搜索 K 个近邻样本是 KNN 算法中比较重要的一步,快速有效的搜索方法也会对分类性能产生重要的影响;第四类是对 K 值的选取,K 值能够影响分类效果,如在 K 值的确定上采取动态选取及随机选取等方式。

5. 遗传算法

遗传算法源于对生物系统的计算机模拟，其借鉴了达尔文的进化论和孟德尔的遗传学说，是结合自然界生物进化的机制发展起来的随机全局搜索和优化方法。首先，随机产生一些可由二进制形式的位串表示的规则，并利用这些规则构建初始群体；其次，根据生物进化论中适者生存的法则，将当前群体里最满足要求的规则构成新的群体，这里规则的合适度可以通过其对训练数据的分类正确率来衡量，这些规则的后代可以使用交叉和变异等遗传操作来创建。交叉操作是将规则对中的子串进行交换，组成新的规则对，而变异操作则是将包含于规则串中随机选择的位进行反转。对规则群体重复这些操作，直到每个规则都满足预先指定的适合度阈值。

遗传算法是一种全局优化的概率算法，具有快速进行全局随机搜索能力、搜索的过程易于并行处理、启发函数过程简单、可扩展性强等优点。但是，遗传算法也有不足：①遗传算法要求对问题本身进行编码，找到最优解后，还需要进行解码，这导致编程实现过程较为复杂；②遗传算法涉及较多的参数，这些参数的设定需要依靠经验给出；③算法受初始种群的影响较大；④遗传算法的局部搜索能力比较差，在进化后期的搜索效率较低。随着对遗传算法的深入研究，有大量的改进算法被提出，如自适应遗传算法、分层遗传算法、免疫遗传算法、遗传模拟退火算法和并行遗传算法等。

6. 支持向量机

支持向量机是一种有监督学习算法。支持向量机建立在统计学习理论中结构风险最小化原理和 VC 理论的基础之上，其基本想法是确定一个最佳的分类超平面，将训练样本分为两类，而搜索最优的分类超平面这一问题是一个最优化问题。支持向量机中的核函数在分类过程中发挥了重要作用，由于有些向量在低维空间难以区分，因此需要将其映射到高维空间。但是，这一操作会引起较大的计算量，核函数可以解决该问题，选择不一样的核函数，产生的支持向量机算法也不同。在解决高维度、非线性及小样本数据的相关问题时，支持向量机具有许多独特的优势，同时该方法还易于被推广到其他机器学习算法中，是数据挖掘领域常用的方法之一。

虽然支持向量机在很多领域得到了广泛的研究和应用，但其自身也有一些不足：传统的支持向量机仅给出了二分类问题的解决方案，但在数据挖掘领域，大部分问题是多分类的，为此通过多个二类支持向量机的组合或者与其他分类算法组合的算法被提出，这些方法克服了原有算法的缺点，同时还结合了其他算法的优势；另外，由于支持向量机是利用二次规划来求解支持向量的，对于高阶矩阵的求解，需要花费大量的机器内存及运算时间，这将使支持向量机算法难以实施。针对该问题，一些改进的支持向量机方法被提出，如 SMO（Sequential Minimal Optimization，序列最小优化）算法、CSVM 算法及 SOR 算法等。

7. 粗糙集算法

粗糙集算法用于处理不精确、不确定和不完备数据。一般的统计方法只能处理确定的数据，当数据不确定时，粗糙集算法可以在信息不完整和信息不一致的情况下规约数据的集合，发掘其数据内部相关性。该算法在分类问题中也有应用，通过发掘噪声数据或不准确数据内部的结构联系，进而提取有效的分类规则。

粗糙集算法主要用于处理离散值属性，对连续值属性需要进行离散化处理。粗糙集算法通过分析给定训练数据内部的关系建立等价类，这些形成等价类的样本数据在描述数据的属性时是等价的。在现实的数据中，有一些类可能无法被可用的属性所区分，但是粗糙集可以近似定义这些类，这些定义的类可以用两个集合来近似，即类的下近似和类的上近似。对于类的下近似集合中的样本数据，按照属性知识划分它们毫无疑问属于该类；若数据样本不能被认为不属于该类别，则该类数据样本被划分到类的上近似集合中，然后对每个类使用判定表，建立判定规则。粗糙集算法已经在医疗诊断、图像处理、文本分类等领域得到了广泛应用。

8. 模糊集算法

模糊集算法主要用来处理和表示事物的不确定性，模糊规则系统是模糊集在机器学习领域的一个重要拓展。传统的基于规则的算法对于连续属性数据会有一个绝对的截断，在现实生活中，这种绝对的截断是不公平的。将前件和后件引入模糊规则系统，就形成了模糊关联规则。基于模糊规则的系统运用了模糊集和模糊逻辑推理技术，如果模糊规则系统的后件是训练样本数据的类标号，那么这些规则可以用于解决分类问题，而该类系统常被称为模糊规则分类系统。

构建一个模糊规则分类系统主要包括以下几个步骤：①在训练样本数据集的每个属性上划分模糊集，确定模糊集所需的参数，并选择隶属度函数的类型；②将每一条样本数据的每个条件属性模糊化，形成规则的前件，通过将样本数据的类别作为后件，每条数据将会产生一条模糊规则，这些规则将形成一个模糊规则库；③计算模糊规则库中每条规则的支持度和置信度，选择大于最小支持度或置信度的规则作为候选规则；④当对一个新的未知样本进行分类时，将该样本根据相应的模糊集和隶属函数进行模糊化，形成规则前件，然后通过与模糊规则库中的规则进行比较来选择后件，如果出现矛盾的规则，可参考置信度或支持度进行规则的选取。模糊规则分类系统已经被应用于医疗、股票、控制等许多领域。

5.4 无监督学习

5.4.1 无监督学习简介

无监督学习是从无标注数据中学习预测模型的机器学习。无监督学习的特点是模型学习的数据没有标签，因此无监督学习的目标是通过对这些无标签数据的学习来揭示数据的内在特性及规律，为进一步的数据分析提供基础。有监督学习是按照给定的标准进行学习（这里的标准指标签），而无监督学习则是按照数据的相对标准进行学习。例如，小朋友在区分猫和狗时，大人会对小朋友说这是猫，那是狗，最终小朋友遇到猫或狗时都能区别出来（而且知道它是猫还是狗），这是监督学习的结果；但如果没有人教小朋友区别猫和狗，而小朋友自己发现了猫和狗之间存在差异，觉得这应该是两种动物（虽然能区分但不知道猫和狗的概念），这就是无监督学习的结果。

无监督学习中研究最多、应用最广的是聚类。按照数据的特点，聚类将数据划分成多个没有交集的子集（每个子集称为簇）。聚类的目的在于把相似的东西划分在一起，主要通过计算样本间和群体间的距离实现，即尽可能使类内差距最小化，类间差距最大化。通过这样的划分，簇可能对应一些潜在的概念，但这些概念就需要人为地总结和定义。其实在实际应用中，很多情况下无法预先知道样本的标签，因而只能从原先没有样本标签的数据集合中进行分类器设计。

5.4.2 聚类

聚类分析的目的是将一个样本数据 $X = \{x_i\}_{i=1}^{N}$ 划分成 S 个不相交的簇 $C_1, C_2, \cdots, C_s$，其中簇内的样本会尽可能相似，簇间的样本则尽可能不相似，公式如下。

$$X = C_1 \bigcup C_2 \bigcup \cdots \bigcup C_8, C_i \bigcap c_j = \varnothing, i \neq j$$

聚类分析是一种描述性的非监督数据挖掘方法，每个簇是原始样本数据中存在共性的样本数据的集合。聚类分析可以发现原始数据中很多有意义的模式，对实际问题的解决有很大的帮助。有学者将聚类的过程从以下四个方面进行描述，如图 5-5 所示。

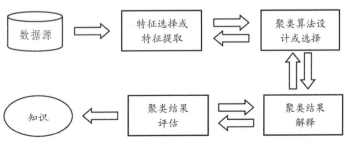

图5-5　聚类的过程

（1）特征选择或特征提取。特征选择是指从数据集的特征集合中挑选出显著特征，而特征提取是指利用数据集的原始特征通过一些变换方法得到新的特征，二者都对提升聚类算法的表现非常关键。恰当的特征选择可以极大地降低聚类算法的工作量，并简化后续聚类算法的设计过程。理想的特征必须是易于提取和解释的，可以增强算法对噪声数据的鲁棒性。

（2）聚类算法设计或选择。这一步通常是选择对应的相似度度量和构建判别函数。样本数据会根据它们之间是否相似而被分组，形成的聚类结果很大程度上取决于所使用的相似度度量。绝大多数的聚类算法与相似度度量有关，甚至有些算法是直接在相似度矩阵的基础上实现的。一旦确定相似度度量，构建的聚类判别函数就可以将簇的划分问题转换为优化问题，很多现有的数学工具就可以被应用于解决这一问题。

（3）聚类结果解释。用户使用聚类算法的目的是从原始数据中发现有意义的知识，以解决他们遇到的具体问题。相关领域的专家可以对聚类算法生成的划分结果做出解释，并开展进一步的分析，以确保发现知识的可靠性。

（4）聚类结果评估。对于一个给定的数据集，无论该数据集是否具有潜在的模式，每个聚类算法都会生成一个划分结果。不同的算法生成的结果也不同，同一个算法在参数设置不同的情况下结果也会存在差异，因此有效的评价指标对用户衡量聚类算法的效果是非常必要的。这些评价指标必须是客观的，对于任意一个聚类算法都没有倾向。评价指标通常包括外部指标、内部指标和相关性指标。

有学者依据不可能定理指出，从技术层面还无法实现一个关于聚类的统一框架，因此很多聚类算法被提出，以解决不同领域的具体问题。在无监督学习过程中，我们必须分析实际问题的特点，从而进一步设计或选择恰当的学习策略。根据类簇的生成方式的差异，传统的聚类算法分为以下几种类别。

1. 基于划分的聚类算法

基于划分的聚类方法的思想是将数据分布的中心作为相应簇的中心，K-means 算法和 K-medoids 算法是这种聚类算法的代表。K-means 算法的主要思路是通过迭代计算的方式不断更新簇的中心，直到达到一些收敛标准时停止迭代。K-medoids 算法是对 K-means 算法在离散数据应用上的改进，将距离数据分布中心最近的样本作为对应簇的描述。这类方法具有时间复杂度低和计算效率高的优点，但是并不适处理非凸数据集，对数据集中的离群点比较敏感，容易陷入局部最优，簇的个数需要用户事先指定，聚类结果容易受到簇个数的影响。

2. 基于层次关系的聚类算法

基于层次关系的聚类方法的主要思路是通过构建数据之间的层次关系来实现数据聚类。假设每个样本数据在最初阶段都被看作一个簇个体，最近的两个簇会被合并成一个新的簇，最终经过合并形成最高层次的一个簇，这个过程同样可以采用逆向操作实现。这类方法的典型代表算法包括 BIRCH（综合层次聚类）和 CURE（使用代表聚类）等。BIRCH 算法通过构建 CF（聚类特征）树的方式获取聚类结果，CF 树中的每一个节点代表一个子簇，CF 树的规模会随着新数据的加入而动态增加。CURE 算法采用随机抽样技术使得样本的聚类过程是独立的，最终通过整合样本的聚类结果形成簇，这种策略让 CURE 算法更适用于大规模数据的聚类分析。这类算法适用于任何分布形状和任意数据类型构成的数据集，簇之间的层次关系也比较容易建立，可扩展性较强。但是，这类方法的时间复杂度较高，并且簇的个数需要事先指定。

3. 基于模糊理论的聚类算法

基于模糊理论的聚类算法的核心思想是将离散值表示的类标签 {0,1} 用连续区间 [0, 1] 表示，以更加合理地表示样本数据对所有类别的属于关系。其中比较典型的算法包括 FCM（模糊 C 均值聚类）和 FCS（模糊 C 壳聚类）等。FCM 算法通过优化目标函数得到了每个样本数据属于任意一个簇的隶属度。与传统的模糊聚类算法不同，FCS 算法将多维超球面作为每个簇的原型，以便于利用基于超球面的距离函数实现聚类。这类算法可以给出样本数据属于每个簇的概率，并且具有相对较高的聚类准确率，但其也存在可扩展性较低、容易陷入局部最优、聚类结果受初始参数取值的影响较大和聚类簇数需事先指定等缺点。

4. 基于分布的聚类算法

在原始数据中存在若干个分布的前提下，由同一分布生成的数据属于相同的簇。根据这一原则，一系列基于分布的聚类算法被提出，典型代表如 DBCLASD 和 GMM。DBCLASD 是一种动态增量算法，如果一个簇与其最近的样本数据之间的距离满足由该簇中现有数据生成的期望距离的分布，那么该样本数据应该属于这个簇。GMM 是由若干个高斯分布组成的，原始数据可看作由这些分布生成，服从相同的独立高斯分布的样本数据被认为属于同一个簇。这类方法具有较强的统计学理论基础，可以判别样本数据属于不同簇的概率，也可调整分布和簇个数，使算法具有较强的可扩展性。但是这类算法的参数较多，其初始设定对最终的聚类结果影响较大，且算法的时间复杂度较高。

5. 基于密度的聚类算法

基于密度的聚类算法的基本思想是分布在数据空间中密度高的区域的样本数据被认为属于同一个簇，典型代表算法包括 DBSCAN 和 Meanshift 等。DBSCAN 是最著名的基于密度的聚类算法，它直接由聚类算法的基本思想演化而来。Meanshift 算法是一个迭代过程，首先计算当前样本数据偏移量的均值，然后根据当前样本数据和偏移量计算下一个样本数据，直到满足指定的终止条件。这类算法的效率比较高，且适用于任意分布形状的数据。但是，当数据空间的密度不均匀时聚类结果不佳，而且当数据量较大时内存需求量较大，聚类结果对参数的敏感度较高。

6. 基于图论的聚类算法

基于图论的聚类算法将聚类过程在图结构上实现，其中节点表示样本数据，连接节点的边表示样本数据之间的关系，代表性算法有 click 和基于最小生成树的聚类算法。click 算法的核心思想是采用迭代方式实现图的最小权重划分，进而生成簇。基于最小生成树的聚类算法通过删除最小生成树中那些权重大于给定阈值的边形成一个森林，森林中每一棵树即为一个簇。基于图论的聚类算法往往能够获得很好的准确率，且算法效率较高；但是随着图结构复杂度的升高，算法的时间复杂度也会明显增加。

7. 基于网格的聚类算法

基于网格的聚类算法的基本思想是将原始数据空间转换成具有一定大小的网格结构，典型算法包括 STING 和 CLIQUE 等。STING 算法通过构造分层结构，将数据空间划分为多个矩形单元，并分别对不同结构层次的数据进行聚类。这种实现方式使得 STING 更易于并行化分析数据。CLIQUE 算法整合了基于网格的聚类算法和基于密度的聚类算法两类算法思想，在最大维度的子空间中识别密集的簇，并以便于用户理解的析取范式对聚类结果进行描述。这类方法具有时间复杂度低、可扩展性强和适合并行计算等特点；但是聚类结果对粒度这个参数非常敏感，较高的计算效率是以牺牲聚类结果质量换取的。

8. 基于分形的聚类算法

分形是一个粗糙或零碎的几何形状，可以分成多个部分，且每一部分都是整体缩小后的形状，即具有自相似的性质。基于分形理论的代表聚类算法是 FC，其包括两个过程：首先取数据集中的部分样本，利用任意一种聚类方法将数据划分为几个簇；其次根据分形维数将尚未聚成类的数据分配到相应的簇中。这类方法具有效率高、可扩展性强和对离群点不敏感的特点，适用于高维和任意分布形状数据的聚类分析，但是聚类结果容易受算法参数影响。

5.4.3 关联分析

关联分析主要用于发现大规模数据集中事物之间的依存性和关联性。关联分析通过发现频繁项集和关联规则来挖掘数据中的隐藏关系，从而实现对相关事物的预测，也能帮助系统制定合理的决策。

关联分析的典型示例是购物篮分析，通过发现顾客放入购物篮中的不同商品之间的联系，分析顾客的购买习惯。通过了解哪些商品频繁地被顾客同时购买，可以帮助零售商制定营销策略。

另外，关联分析还能应用于餐饮企业的菜品搭配、搜索引擎的内容推荐、新闻流行趋势分析、发现毒蘑菇的相似特征等。

关联分析的主要目的是寻找频繁项集。寻找频繁项集常用的算法有 Apriori 算法和 FP-growth 算法，下面以 Apriori 算法在超市购物中的物品关联分析应用为例进行说明。

Apriori 算法原理：如果某个项集是频繁的，那么它的所有子集也是频繁的。该原理反过来看对实际操作更有作用，即如果一个项集是非频繁项集，那么它的所有超集也是非频繁的。

Apriori 算法的主要应用步骤如下。

（1）根据数据集生成候选项，首先生成单物品候选项集。

（2）设定最小支持度和最小置信度。

（3）过滤数据项集占比低于最小支持度的项集，形成频繁项集。

（4）根据步骤（3）形成的频繁项集结果进行项集之间的组合，形成新的项集集合。

（5）重复步骤（3）和步骤（4），直到没有新的项集满足最小支持度，形成最终频繁集合。

（6）根据步骤（5）形成的最终频繁集合，计算频繁集合所含物品之间的置信度，过滤小于最小置信度的项集。

（7）根据步骤（6）的结果生成关联规则，并计算其置信度。

上述步骤体现了 Apriori 算法的两个重要过程：连接步和剪枝步。连接步的目的是找到 K 项集，从满足约束条件的候选项集逐步连接并检测约束条件，产生高一级候选项集，直至得到最大的频繁项集。剪枝步在产生候选项 C_k 的过程中起到缩小搜索空间的目的。根据 Apriori 原理，频繁项集的所有非空子集也是频繁的；反之，不满足该性质的项集不会存在于 C_k 中，因此该过程称为剪枝。

5.5 强化学习

5.5.1 强化学习简介

失败乃成功之母，人唯有善于从失败中吸取经验教训，才能获得成功。动物学习心理学家认为不仅人类具备从失败中学习经验的能力，许多哺乳动物也可以从失败中进行学习，这类学习方法被总结为效应定律。效应定律可解释动物学习过程的选择性和联想性，即动物将倾向于选择正向激励的行为，而避免负向惩罚的行为。

作为一类并列于有监督学习、无监督学习的机器学习算法，强化学习又称为增强学习或再励学习，用于描述和解决智能系统在与环境的交互过程中，通过学习策略以执行最优行为的问题。强化学习以效应定律为主要生物学依据，基于动物行为心理学，模仿动物在学习过程中主动与环境进行交互试探的模式，并根据环境对试探动作的评价调整下一步的行为。

强化学习的输入为目前所处的状态，输出为动作，同时根据环境的评价信号调整未来可能的动作，不需要建立复杂模型即可实现无导师的在线学习。强化学习可与环境动态交互后累积成功经验，尤其适合解决需要在线、实时预测和决策的问题，近年来已成为智能控制领域的研究热点。强化学习的基本过程如图 5-6 所示。

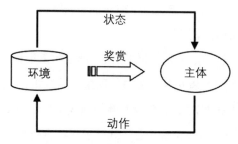

图5-6　强化学习的基本过程

从图 5-5 可以看出，该模型由两个模块构成：学习主体和外部环境。模型运作的原理是主体感知外部环境状态，根据学习的策略采取与状态相对应的动作，而该动作会改变环境的状态；当主体再次感知外部环境状态时，会从变化的状态中获得一定的奖赏值，该奖赏值是环境给予主体执行动作的奖赏，主体根据奖赏值并结合改变后的环境状态再次采取其他动作。循环往复，直到满足一定的条件方可停止交互行为。

尽管强化学习仅包括主体和环境两部分，但在具体应用时强化学习主要由四个要素构成：①策略，即主体根据外部环境状态选择一定的动作；②奖赏函数，该函数由环境的内在属性决定，在无法获得时只能人为设计，根据奖赏函数，环境状态给出每个动作对应的奖赏值；③值函数，该函数同样人为设定，用于衡量系统总体奖赏值并根据其获得最优策略；④模型，系统对外部环境进行建模，但并非必需，而且面对复杂问题时往往无法准确建模。

强化学习四个要素之间的相互关系可以简要概括为面对环境模型，主体设计出能实现既定目标的值函数，该函数是奖赏值的函数，而奖赏值是环境对主体策略的回应，主体根据外部环境状态执行动作后，需要根据环境的反馈决定下一步的策略及要执行的动作。因此，强化学习可以分为基于策略和基于价值两类，两者属于无模型的方法，还有基于模型的方法。另外，强化学习的优势可以简单概括如下。

（1）在整个学习过程中，主体一直保持着同外部环境的交互，不断调整策略，直至学习到最优策略，即便面对复杂多变的环境，主体也可以不断追踪外界环境变化，只不过要经过更长时间的交互才能获得最优策略。

（2）强化学习无须像神经网络那样事先学习网络权值等参数，因为对于小样本的、不断变化的、部分信息未知的外部环境而言，任何固定的参数都会影响最终得到的最优策略。

（3）强化学习对于新的示例同样能够给出最优策略，如果结合知识库及相关模式识别算法，对于重复出现的示例，强化学习算法能够及时调取已学习的最优策略进行干扰决策，还可以结合实际环境对已知策略进行改进。

5.5.2　强化学习主流算法

在完全具备强化学习模型的要素后，研究学者致力于解决强化学习面临的"探索"和"利用"两大难题。"探索"过程能够不断发掘新的动作，有助于学习到全局最优策略；"利用"的奖赏值较高，能够取得立竿见影的效果，但不足是有时不能得到全局最优解，仍然存在收敛到次优解的可能性。因此，人们把强调获得最优策略的强化学习算法归纳为最优搜索型，把强调获得策略性能改善的强化学习算法称为经验强化型，两者均拥有自己的代表算法。

在实际环境中，主体往往无法完全感知外部环境信息，部分感知问题属于部分可观测马尔科夫决策过程模型，该模型更贴近现实世界，应用领域更加广泛。解决该模型问题的主要思路：假设存在部分可观测的隐状态集具有马尔科夫属性，则将部分可观测马尔科夫决策过程模型转换为马尔科夫决策过程模型进行描述后，再进而求解。

传统的强化学习研究中由于没有任何先验的启发知识，因此只能通过主体大量试错的方式不断积累交互对象的部分信息。然而，在现实中总存在各种形式的启发知识，充分利用各种偏差技术，有利于加快强化学习的收敛速度。此外，强化学习理论中的值函数等表达方式让人难以理解，但是通过规则抽取技术，将其转化成其他学习技术能处理的形式，同样有利于加快强化学习的收敛速度。

多主体系统是另一种形式的非马尔科夫环境，每个主体都有独立的强化学习机制，各主体之间可以相互交流合作，也可以独自学习。根据主体之间的合作关系，多主体强化学习可划分为合作型多主体强化学习、竞争型多主体强化学习及半竞争型多主体强化学习。

与上述加快强化学习收敛速度的方式不同，部分学者尝试将迁移学习理论与强化学习理论结合，通过复用过去的学习经验以加快对新的任务的学习速度。考虑到强化学习的特点，强化学习中的迁移又分为两类：行为迁移和知识迁移。需要注意的是，不当的迁移反而会起到事倍功半的作用。

深度强化学习是人工智能领域的一个新的研究热点，它以一种通用的形式将深度学习的感知能力与强化学习的决策能力相结合，并能够通过端对端的学习方式实现对原始输入到输出的直接控制。该方面的研究热点主要集中在机器人控制领域、计算机视觉领域、自然语言处理领域、参数优化领域及博弈论领域，终极目标是实现通用人工智能方法的应用。

5.5.3　强化学习的使用场景

强化学习主要用于序列决策和控制问题，其经典算法包括 Q 学习算法、TD 学习算法、SARSA 算法、Dyna 算法等。随着算法和理论方面研究的深入，目前强化学习方法已经成功应用在机器人控制、组合优化和调度、通信和数字信号处理、多智能体和交通信号控制等领域，具体如下。

1. 强化学习在通信领域的应用

在通信干扰中，通信双方常会在受到干扰以至于无法通信时改变通信制式，以完成信息传输。在面对陌生信号时，传统的干扰方式需要人为地对干扰参数进行设置，而且干扰的实时性和有效性得不到保证。为此，可将干扰信号参数类比为强化学习中的多臂老虎机中的摇杆，将干扰效果作为采取的干扰策略的奖赏，最佳干扰参数的学习问题等价于其中的摇杆选取，从而设计出一种新颖的物理层最优干扰策略。进一步，还可利用强化学习设计在 MAC （媒体访问控制）层及网络层的最优干扰策略，并针对实际干扰过程中出现的延迟、频率相位偏移、信道衰落、通信制式改变等问题进行深入研究。

2. 强化学习在机器人控制中的应用

在机器人控制中可通过修改体系结构及定义集合的方式改进机器人状态的模型，利用该模型可以对自主机器人在紧急状态下的性能进行优化。要想获得机器人的灵活和有效的行为选择能力，必须在机器人的规划与控制系统中引入学习机制，使机器人能够在与环境的交互中不断增强行为的选择能力。相关学者针对机器人在完全未知的环境中的导航和规避障碍的能力展开研究，提出了基于 Q 学习算法的混合 Dyna 算法，该算法在值函数更新、Q 表初始化及奖赏函数等方面进行了改进，提高了机器人的环境适应能力。

3. 强化学习在复杂人工智能问题中的应用

强化学习是一种通用的解决人工智能问题的算法。谷歌深度强化学习带头人 David Silver 认为，深度学习与强化学习相结合，必将实现真正的人工智能。目前强化学习在复杂人工智能领域已经取得部分研究成果，如 Tesaur 的 TD-Gammon 程序通过自我学习对弈演变成了专家级的 Back-Gammon 下棋程序，Thrun 研究了基于强化学习的国际象棋程序。其最具代表性的产品是 DeepMind 公司旗下的 AlphaGo、AlphaGo Master、AlphaGo Zero 等围棋程序及 Alpha Star 的星际争霸游戏，该公司还推出了 DeepMind Health 项目用于医疗诊断、WaveNet 系统用于文本语音转化等。

4. 强化学习在多智能体中的应用

多智能体的目标是将大而复杂的系统建设成小的、彼此通信和协调的、易于管理的系统。复杂问题往往需要多智能体通过协作来求解,如机器人足球比赛、交通信号控制等场景。然而,多智能体的参与无疑又增加了问题求解的复杂性,这又成了另一个需要解决的问题。总之,强化学习可以在多智能体的对抗、协同及任务分配中发挥重要作用。

5.6 弱监督学习

5.6.1 弱监督学习简介

标注的数据是有监督学习中的重要组成部分,但是前文并没有介绍如何对数据进行标注或者数据的具体标注过程是什么样的。对数据进行标注是有监督学习中不可避免要考虑的一个问题,日常生活中在短时间内积累大量的样本数据是很容易的,可如果在短时间内给这些样本数据都加上准确的、有效的标签往往是不现实的。由于样本数据标注的成本实在太高,因此需要想一个办法既能降低成本,又能得到更准确的模型,这就需要另一种学习方式——弱监督学习。

弱监督学习是相对于强监督学习和无监督学习而言的,当用于模型学习的训练数据集中只有一部分数据有标签,另一部分数据没有标签,或者标注的精准度不够时,利用这类训练数据训练一个我们需要的模型的过程,就是弱监督学习的过程。

5.6.2 弱监督学习的分类

根据训练数据标注的情况,弱监督学习可以分为以下三种类型。

1. 不完全监督学习

不完全监督学习是指用于模型学习的训练数据只有一部分带有标注,例如,在做医学影像分类时,聘请专家为这些影像数据添加标注的成本是相当高的,同时,在构建医学影像大数据集时,由于相关人员在数据科学方面知识有所欠缺,有些数据的标注结果不准确,无法正常使用。在诸多不完全监督学习环境中,不同的模型有不同的学习途径,常见的不完全监督学习范式有主动学习、半监督学习和迁移学习等。

2. 不确切监督学习

不确切监督学习是指用于模型学习的训练数据的标注是粗粒度的,缺乏细粒度的标签。如对于一幅图片,我们只拥有整张图片的类别标注,图片中各个实体部分则没有具体的标注信息。例如,对一张病人的肺部 X 光图片进行分类时,最开始我们只知道该图片是肺炎患者的肺部图片,但是并不知道究竟是图片中哪个部位的病变或异常成为图片主人患上肺炎疾病的直接原因。不确切监督学习模型的主要目标就是对未知的标注进行有效预测，目前已经在很多领域成功应用，如图像分类、图像检索、图像注释、文本分类、垃圾邮件检测、医疗诊断、人脸识别、目标检测、目标类别发现、目标跟踪等。

3. 不准确监督学习

不准确监督学习是指用于模型学习的训练数据的标注并不总是真值。导致标注出错的原因有很多，可能是标注人员水平有限，在具体标注的过程中粗心，导致标注不准确；也可能标注是在有噪声的条件下进行的，这就导致标注难度增大，增加了标注出错的风险。最近非常流行的利用众包模式进行训练数据搜集的方式是不准确监督学习范式的一个重要应用场所。

5.7 机器学习的相关资源与工具

机器学习领域有许多资源和工具可辅助学习。机器学习领域的最新研究成果会发表在不同领域的会议和期刊上。机器学习专门的期刊有 *Machine Learning*（机器学习）和 *Journal of Machine Learning Research*（机器学习研究）。神经网络相关的期刊有 *Neural Computation*（神经计算）、*Neural Networks*（神经网络）及 *IEEE Transactions on Neural Networks*（IEEE 神经网络汇刊）。统计学相关的期刊，如 *Annals of Statistics*（统计学年鉴）和 *Journal of the American Statistical Association*（美国统计学会杂志），也会发表一些与机器学习有关的文章。另外，*IEEE Transactions on Pattern Analysis and Machine Intelligence*（IEEE 模式分析与机器智能汇刊）也是机器学习研究性文章的资源之一，人工智能、模式识别、模糊逻辑及信号处理方面的期刊也包含机器学习的文章。以数据挖掘为主的期刊有 *Data Mining and Knowledge Discovery*（数据挖掘与知识发现）、*IEEE Transactions on Knowledge and Data Engineering*（IEEE 知识与数据工程汇刊）及 *ACM Transactions on Knowledge Discovery from Data*（ACM 数据知识发现汇刊）。机器学习方面的主要会议有 *Neural Information Processing Systems*（NIPS）、*Uneertainty in Artificial Intelligence*（UAI）、*International Conference on Machine Learning*（ICML）、*European Conference on Machine Learning*（ECML）、*Computational Learning Theory*（COLT）、*International Joint Conference on Artificial Intelligence*（IJCAI）等。另外，神经网络、模式识别、模糊逻辑及遗传算法等方面的会议，以及关于计算机视觉、语音技术、机器人和数据挖掘等应用方面的会议，也会有针对机器学习的专题。

多年来，人们对机器学习及其相关算法进行了不断的深入研究，特别是在如今的大数据时代，为了满足科学研究及实际应用的需求，许多学者、科研机构、高校及企业都投入大量的人力和物力进行算法平台及实验数据库的开发。这些算法平台和实验数据库大多是开源和公开的，为科学研究者提供便利的同时，也极大地推进了人工智能的发展。现对一些常用的数据挖掘平台及公开的实验数据库进行介绍。

1. Shogun

Shogun 是一个基于 C++ 的最古老的机器学习开源库，它创建于 1999 年。Shogun 提供了大量有效而统一的机器学习算法，可以轻松地嵌入 Python、R、 Java、 Scala 等主流语言，同时还支持在多种平台上使用。Shogun 在大规模的内核方法，特别是在支持向量机上具有明显的优势。另外，Shogun 还包含许多流行的线性方法。

2. DBMinner

DBMinner 是加拿大 Simon Fraser 大学研发的多任务数据挖掘系统。该系统旨在将关系数据库和数据挖掘算法集成，利用面向属性的多级概念理念进行知识的发现与表示研究。该系统还综合了多种数据挖掘技术，可以实现多种知识的发现，同时提出的交互式类 SQL 语言能和关系型数据库进行平滑集成。

3. WEKA

WEKA 是新西兰 Waikato 大学针对机器学习研究而研发的开源数据分析软件。该软件集成了大量数据挖掘算法的同时，还能够提供可视化的交互界面。WEKA 是基于 Java 环境的开源机器学习算法平台，它提供了大量的系统接口，使用户能够便捷地将自己的算法扩展到 WEKA 平台，并实现可视化开发。WEKA 系统得到了数据挖掘和知识探索领域的广泛认可，是当前非常完备的数据挖掘工具之一。

4. KEEL

KEEL 是西班牙学者开发的一个开源的、由 Java 语言实现的机器学习工具。KEEL 可以应用于众多不同的数据挖掘任务当中，它提供了基于数据流的可视化界面，方便用户进行智能算法的研究。KEEL 的用户定位是科学研究者和学生，利用该算法平台可以帮助用户对相关算法进行快速的学习、分析和总结，已经有了广泛的应用。

5. MLlib

MLlib 是 Apache 发布的 Spark 和 Hadoop 的机器学习库，它的目的是简化机器学习的实践过程，并方便在大规模数据集上进行数据挖掘。MLlib 是基于 Java 语言开发的，但也可以与

Python、R 等语言对接。MLlib 中包含大部分常见的机器学习算法，用户可以根据自己的需要对 MLlib 进行个性化的扩展。

6. Mahout

Mahout 是 Apache 旗下的一个开源项目，其提供了一些可扩展的机器学习经典算法的实现。该项目的目的是帮助软件工程师或研究人员更快更方便地进行智能应用程序的开发。Mahout 包含许多算法实现的同时，还可以快捷地扩展到云中。虽然该项目尚未成熟，但是提供了大量集群计算的相关功能，其最终目标是建立一个快速创建且可扩展的、高性能数据挖掘应用平台。

7. TensorFlow

TensorFlow 是由谷歌发布的开源机器学习系统。该系统的最初目的是进行机器学习和深度神经网络的研究，但由于该系统的基础性和通用性，其也可以广泛应用到其他计算领域。TensorFlow 利用数据流图进行数值计算，这种框架设计可以让用户灵活地将计算过程部署到计算机、服务器及移动终端的一个或多个 CPU 或 GPU 上，无须对代码进行重写。

8. UCI数据库

UCI 数据库是加州大学欧文分校开发的专门用于机器学习算法研究的数据库。该数据库包含医疗、生物、工程、金融等众多领域的数据，这些数据都是公开免费的实际测试数据，用户可以通过这些测试数据对相关机器学习算法进行研究、对比和分析。该数据库是目前广泛使用的标准数据库之一。

除了上面介绍的算法平台及公开的测试数据库外，还有很多其他的常用算法平台和测试数据库。其中，有些算法平台是针对特定应用领域的，如针对分布式计算的 MapRedcue 框架算法平台 Hadoop 和 Spark、与概率和统计相关的 IBM 公司开发的 SPSS Modeler、面向数据流挖掘的流行开源框架 MOA、面向文本文件的机器学习工具包 Mallet、模拟人脑部分面向对象的模型 WalnutiQ 等。在标准数据库方面，也有一些其他的专门研究某个特定领域的公开测试数据库，如人脸识别相关的 CMU-PIE 数据库和 FERET 数据库、手写数字识别相关的 MNIST 数据库等。

5.8 本章小结

本章对大数据分析相关的机器学习算法进行了系统的介绍，首先介绍了机器学习的基本定义和发展历史，然后对有监督学习、无监督学习、强化学习和弱监督学习进行了详细介绍，最后介绍了机器学习相关的工具和资源库。读者根据本章内容可以识别大数据分析对应的机器学习场景，选择合适的机器学习方法与工具后，即可进行分类、回归、聚类和关联分析等操作。

5.9 习题

1. 什么是机器学习？机器学习与数据挖掘有什么区别与联系？
2. 机器学习按照学习方式不同，可分为哪几类？
3. 简述有监督学习的学习过程，并举例说明。
4. 简述无监督学习的学习过程，并举例说明。
5. 什么是弱监督学习？弱监督学习有哪些分类？每一类有什么特点？
6. 什么是强化学习？举例说明强化学习的处理过程。

第6章

CHAPTER 6

数据可视化

数据可视化是大数据处理流程的最后一个环节，也是通过图表、图形、地图等形式呈现大数据分析结果，准确发现和掌握大数据核心问题的关键环节。数据可视化可以借助数据分析和开发工具发现数据中未知的信息，从而达到清晰表达和明确传递信息、加深人们对数据的理解和记忆的目的。数据可视化与统计图形、信息可视化和科学可视化等内容密切相关，是当前科研、教学和开发领域极为活跃的研究内容，相关内容的应用和发展可以为数据创新与数据服务提供强有力的支撑。

6.1 可视化概述

6.1.1 可视化的含义

测量的自动化、网络传输过程的数字化和大量的计算机仿真产生了海量数据，超出了人类大脑处理的能力。可视化提供了解决这种问题的一种新方法。可视化就是把数据、信息和知识转化为可视的表示形式并获得对数据更深层次的认识。可视化作为一种可以放大人类感知的数据、信息、知识的表示方法，日益受到重视并得到越来越广泛的应用。人们可以从可视化的表示中发现新的线索、新的关联、新的结构、新的知识，促进人机系统的结合，有助于科学决策。

可视化充分利用计算机图形学、图像处理、用户界面、人机交互等技术，形象、直观地显示科学计算的中间结果和最终结果并进行交互处理。

可视化对信息的处理和表达有无法取代的优势，其特点可总结为可视性、交互性和多维性。目前，可视化技术包括数据可视化、科学计算可视化、信息可视化和知识可视化等，最近，国外学者提出了可视化分析学的概念，强调可视化的任务更应该服务于数据分析和知识获取，并建议将其应用于国家安全等重要领域。

6.1.2 可视化的发展历程

最近几年计算机图形学的发展使三维表现技术得以实现。这些三维表现技术使我们能够再现三维世界中的物体，能够用立体呈现方式表示复杂的信息，这种技术就是可视化技术。可视化技术使人能在三维图形世界中直接对具有形体的信息进行操作，和计算机直接交流。这种技术已经把人和机器的力量联系在一起，这种革命性的变化无疑将极大地提高人们的工作效率。可视化技术赋予人们一种仿真的、三维的并且具有实时交互的能力，这样人们可以在三维图形世界中用以前不可想象的手段获取信息或发挥自己的创造性思维。例如，机械工程师可以从二维平面图中解放出来，直接进入三维世界，从而很快得到自己设计的三维机械零件模型；医生可以从病人的三维扫描图像中分析病人的病灶；军事指挥员可以面对用三维图形技术生成的战场地形，指挥三维飞机、军舰、坦克向目标开进并分析战斗方案的效果。

人们对计算机可视化技术的研究经历了一个漫长的历程，形成了许多可视化工具，其中 SGI 公司推出的 GL 三维图形库表现突出，易于使用且功能强大。利用 GL 开发出来的三维应用软件颇受专业技术人员的喜爱，这些三维应用软件已应用于建筑、产品设计、医学、地球科学、流体力学等领域。随着计算机技术的发展，GL 已经进一步发展为 OpenGL。OpenGL 已被认为是高性能图形和交互式视觉处理的标准，在计算机领域被广泛采用。

6.1.3　可视化的作用

可视化的具体作用介绍如下。

1. 可视化后的信息易于理解

人脑对视觉信息的处理要比书面信息容易得多。使用图表总结复杂的数据，可以确保人们对关系的理解比报告或电子表格更快。

2. 以建设性方式讨论结果

向高级管理人员提交的许多业务报告都是规范化的文档，这些文档经常被静态表格和各种图形所夸大。也正是因为这些文档制作得过于详细，以至于很多高管没办法记住这些内容。但对他们来说，其实不需要看到太详细的信息。来自可视化工具的报告能用一些简短的图形呈现复杂信息，决策者可以通过交互元素及类似热图、Fever Charts 等新的可视化工具轻松地解释各种数据源。丰富且有意义的图形有助于让忙碌的管理层与业务伙伴了解问题的根源，并制订相应的计划。

3. 理解运营和结果之间的联系

可视化允许用户跟踪运营和整体业务结果之间的对接过程。在竞争环境中，找到业务功能和市场结果之间的相关性是至关重要的。例如，一家软件公司的执行销售总监可能在条形图中看到他们的旗舰产品在西南地区的销售额下降了 8%，并可以通过可视化的图表等深入了解问题出现在哪里，并制订改进计划。

4. 发现新兴趋势

海量的消费者行为数据可以为适应性强的公司带来许多新的机遇，但这需要相关人员不断地收集和分析这些信息。通过可视化监控关键指标，企业管理者可以更容易地发现各种大数据集的变化趋势。例如，一家服装连锁店可能会发现，在西南地区，深色西装和领带的销量正在上升，这可能会让他们加大力度推销包括这两种商品在内的商品组合。

5. 与数据交互

与静态图表不同，交互式可视化鼓励用户探索甚至操作数据，根据需要调整可视化配置，为数据分析和决策提供更好的手段。很多企业都在使用交互式可视化来挖掘数据的真正潜力，例如，腾讯云开发了大数据可视交互系统 RayData，该系统结合实时渲染、云计算、IoT 等技术，将大规模、多样化的数据融合呈现，实现云数据实时可视化、场景化及交互式管理，从而节省管理成本，提升数据辅助决策的效率，在智慧文旅、智慧城市、数字政务等多个领域都有应用。

6.2 数据可视化及其分类

随着网络和各种现代化电子通信设备的飞速发展，人类产生和获取数据的能力也飞速增长，想通过人工分析这些数据几乎不可能。数据可视化技术正是在这样的背景下获得了迅速发展。数据可视化是可视化技术针对大型关系型数据库或数据仓库的应用，它旨在用图形和图像的方式展示大型数据库中的多维数据，并且以可视化的形式反映对多维数据的分析及内涵信息的挖掘。数据可视化技术凭借计算机的强大的数据处理能力、计算机图像和图形学基本算法，以及可视化算法，把海量的数据转化为静态或动态图像，并允许通过交互手段控制数据的抽取和画面的显示，使隐含于数据之中的知识或规律变得可见，为人们分析数据、理解数据、形成概念、找出规律提供强有力的支持。

数据可视化技术与虚拟现实技术、数据挖掘、人工智能，甚至与人类基因组计划等前沿学科领域都有密切的联系。从纯技术角度来看，数据可视化大体可以分为五类：基于几何投影的数据可视化、面向像素的数据可视化、基于图标的数据可视化、基于层次的数据可视化及基于图形的数据可视化。纯技术角度的数据可视化是专业科研人员研究的领域，本书不做具体介绍。从实用角度来看，数据可视化大体可以分为三类：科学可视化、信息可视化和可视化分析学。下面对这三类数据可视化进行详细的介绍。

6.2.1 科学可视化

1987 年，美国国家科学基金会首次召开科学可视化方面的研讨会，计算机科学家布鲁斯·麦考梅克等人在研讨会上正式定义了科学可视化（Scientific Visualization），并总结了科学可视化的前景及其未来需求。科学可视化既实现了将数字信息转换成直观的、能够模拟和观察的对象，还提供了模拟与计算的视觉交互手段，具体介绍如下。

1. 科学可视化是一种计算方法

可视化用图形描述物理现象，把数学符号转化成几何图形，以直观、形象的方式表达数据，显示数据中包含的信息，使科学家和工程技术人员能方便地观察、模拟和计算数据。科学可视化包括图像生成和图像理解两个部分，它既是由复杂多维数据集产生图像的工具，又是解释输入计算机的图像数据的手段。科学可视化得到了几个相对独立的学科的支持，如计算机图形学、图像处理、计算机视觉、计算机辅助设计、信号处理、图形用户界面及交互技术。

2. 科学可视化是人与计算机之间的交互

可视化应使人与计算机协同地感知、利用和传递视觉信息。科学可视化按功能可以划分为如下三种形式。

（1）事后处理方式：计算和可视化是分两个阶段进行的，两者之间不进行交互。

（2）追踪方式：可将计算结果即时以图像形式显示，以使研究人员了解当前的计算情况，决定计算是否继续。

（3）驾驭方式：这是科学可视化的最高形式，研究人员可参与计算过程，对计算进行实时干预。

实际上，有些具体问题并不一定单纯采用某一种方式，往往几种方式并用。

3. 科学可视化应用领域广泛

科学可视化的应用领域十分广泛，可以在气象、医学、生物、地质、建筑等自然科学及工程技术等领域应用。例如，在医学领域，科学可视化技术可以由常见的计算机断层扫描和核磁共振等二维图像重构出三维形体，以此指导手术规划和精准治疗；在工程领域，科学可视化经常用于飞行器和船舶设计，通过流体动力学模拟计算代替传统的风洞实验。科学计算可视化还可以应用于机械产品和建筑结构的有限元分析。

4. 当前科学可视化技术的发展特点

（1）可视化图像的实时显示及交互控制在采用高性能硬件的同时，也需要采用适当的算法和软件来提高显示速度，如三维数据场模型的简化及多层次表示、可视化算法的并行实现等。

（2）科学计算可视化可以在计算机网络上共享科学计算或测量数据的图像，实现计算机支持下的协同工作是一个重要的发展趋势。

（3）虚拟环境下实现的科学可视化虚拟环境技术近年来得到了快速发展，它为人们提供了由计算机生成的虚拟环境和交互手段，使可视化的结果更生动，人们可以"沉浸"其中。

6.2.2 信息可视化

信息可视化（Information visualization）是一个跨学科领域，旨在研究大规模非数值型信息资源的视觉呈现，通过图形图像方面的技术与方法帮助人们理解和分析数据。与科学可视化相比，信息可视化侧重分析抽象数据集，如非结构化文本或者高维空间中的数据。国外信息管理与信息系统专业、图书情报学专业对这一领域的研究非常活跃，一些大学的信息管理类专业还开设了这方面的课程。对信息可视化技术进行分类，可以使其方法和应用目的更加明确，从而帮助用户针对不同的问题和应用领域选择合适的可视化技术；同时，也可以发现现有可视化研究的不足，从而促使研究人员开发更新的可视化技术。信息可视化的方式与信息数据的属性和内容密切相关，随着层次数据、文本数据、图数据和时空数据等多维、时变和非结构化数据的增加，出现了多种对应的信息可视化技术。信息可视化技术一般可以处理如下 6 种类型的数据。

（1）一维数据：这类数据以一维向量为主，只具有单一属性，主要用来表示数值、时间、方向等一维信息。

（2）二维数据：二维数据又称平面数据，主要用来表示对象的形状、大小等特征，常用于平面布局图、地图和报纸版面布局等。在地理信息系统中可以利用位置坐标数据进行空间信息计算，如求最短路程、最小面积和最小高程等。

（3）三维数据：三维数据包含三个维度的属性信息，能够更加立体和直观地展示事物的立体属性和物理状态。该类型数据的应用领域比较广泛，如医学、地质、气象、工业工程设计等领域，都离不开三维数据的支撑。

（4）多维数据：这类数据包含四个或四个以上的属性信息，主要用于分析多维数据内部属性的关联和相互关系。该类数据以财务与统计数据为主，主要用于分析过往的财务状况、预测未来的可能发展趋势等。这是信息可视化研究的一个重要方向。

（5）层次数据：层次数据着重表现具有等级或层级关系的对象，主要用于描述生物属种、组织结构、家庭族谱、社会网络等。传统的图书馆资源管理模型和窗口系统资源管理模型使用的就是层次数据。层次数据的可视化方法包括节点链接法（如节点链接树）、空间填充法（如树图）等。

（6）文本数据：这类数据形式多样，如报纸、邮件、新闻等信息都可以作为文本数据。有大量多媒体和超文本信息的互联网，是文本数据的较大来源之一。

6.2.3　可视化分析学

可视化分析学是通过交互式可视化界面促进分析推理的一门科学。可视化分析学尤其关注意会和推理，科学可视化处理的是那些具有天然几何结构的数据，信息可视化处理的是抽象数据结构，如树状结构或图形。人们可以利用可视化分析工具从海量、多维、多源、动态、时滞、异构、含糊不清甚至矛盾的数据中提取出有用的信息。可视化分析学是一个多学科领域，涉及以下方面的内容。

（1）分析推理：能使用户获得深刻的见解，这种见解直接支持评价、计划和决策的行为。

（2）可视化表示和交互：充分利用人眼的视觉能力，来观察、浏览和理解大量的信息。

（3）数据表示和变换：以支持可视化分析的方式转化所有类型的异构和动态数据。

（4）支持分析结果的产生、演示和传播：能与各种观众交流有适当背景资料的信息。

6.3 数据可视化工具

一般来说，数据可视化工具需要具备如下特性。

（1）实时性。数据可视化工具必须适应大数据时代数据量的爆炸式增长需求，必须能够快速收集和分析数据，并对数据信息进行实时更新。

（2）操作简单。数据可视化工具要具备快速开发、易于操作的特性，以适应互联网时代信息多变的特点。

（3）更丰富的展现方式。数据可视化工具需具有更丰富的展现方式，能充分满足数据展现的多维度要求。

（4）多种数据集成支持方式。数据的来源不局限于数据库，数据可视化工具还要支持数据仓库、文本等多种方式，并能通过互联网展现。

6.3.1 入门级工具

Excel 作为一个入门级工具，可以快速分析数据，也能创建供内部使用的数据图。但是，Excel 在颜色、线条和样式上可选择的范围有限，这也意味着用 Excel 很难制作出符合专业出版物和网站需要的数据图。数据可视化包含简单图形、动态图表、数据地图和数据动态视频等，可以用很多专业软件制作，但使用这些软件需要具备专业知识，且熟悉编程语言，才能实现数据可视化的效果。

6.3.2 信息图表工具

信息图表是对各种信息进行形象化、可视化加工的一种工具。根据道格·纽瑟姆的概括，作为视觉化工具的信息图表工具包括图表（Chart）、图解（Diagram）、图形（Graph）、表格（Table）、地图（Map）和列表（List）。下面分别介绍这七种信息图表工具。

1. Visme

Visme 是一款包含大量素材的免费信息图表工具，如图 6-1 所示。用户可以通过它直观地呈现复杂的数据。无论是构建演示文稿还是创建有趣的图表，这款工具都可以胜任。Visme 中包含100 个风格各异的免费字体，还有数千张高质量的图片。如果用户觉得静态的信息图表不足以展示信息，还可以使用 Visme 生成音频和视频，制作漂亮的动画。

图6-1　Visme可视化工具

2. Canva

　　Canva 是目前最著名的信息图表制作工具，如图 6-2 所示。它是一款便捷的在线信息图表设计工具，可以完成各种设计任务（从制作小册子到制作演示文稿），还为用户提供了庞大的图片素材库、图标合集和字体库。

3. Google Charts

　　Google Charts 不仅可以帮用户设计信息图表，甚至可以帮用户展示实时的数据，如图 6-3 所示。作为一款信息图表设计工具，Google Charts 内置了大量可供用户选择的选项，用来生成足以让用户满意的图表。通过来自谷歌公司的实时数据的支撑，Google Charts 的功能比用户想象得更加强大。

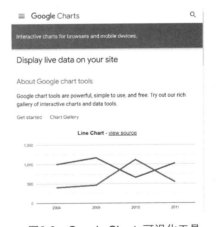

图6-2　Canva可视化工具　　　　图6-3　Google Charts可视化工具

4. Piktochart

　　Piktochart 是一款信息图表设计和展示工具，如图 6-4 所示。在 Piktochart 中，用户只要单击几下鼠标，就可以将无聊的数据转化为有趣的图表。用户可以通过 Piktochart 自定义编辑器修改配色方案和字体，插入预先设计好的图形或图片；内置的栅格系统能够帮用户更好地控制排版布局，功能完善且非常便捷。

5. Infogram

Infogram 是比较经典的信息图表设计工具，它同样是免费的，如图 6-5 所示。Infogram 内置大量的图表样式供用户使用，允许上传图片和视频，可以像 Excel 一样输入数据，然后生成不同样式的图表。这款工具能够自动调整信息图表的外观，以更好地展示不同类型的数据。当用户对自己设计的信息图表足够有信心时，还能将其发布到 Infogram 的网站，分享给其他人。

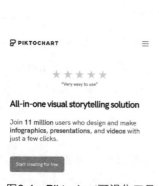

图6-4　Piktochart可视化工具

图6-5　Infogram可视化工具

6. Venngage

Venngage 同样是一款颇为优秀的信息图表设计和发布工具，如图 6-6 所示。用户可以在 Venngage 内置的各种模板的基础上制作信息图表，其内置的模板、上百个图表和图标样式可以让用户结合自己的图片素材生成满足用户需求的信息图表；同样，用户可以生成信息动画，让自己的数据更好地呈现出来。

图6-6　Venngage可视化工具

7. Easel.ly

Easel.ly 是一款免费的信息图表设计工具，如图 6-7 所示。它是基于网站来为用户提供信息图表设计服务的，内置模板，允许用户通过模板制作出自己需要的图表。Easel.ly 内置诸如箭头等基本的图形、图表和图标，拥有自定义字体颜色这种不可或缺的功能模块，用户可以上传各种自制的素材来完善设计。

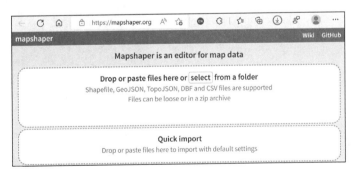

图6-7　Ease.ly可视化工具

6.3.3　地图工具

1. MapShaper

　　MapShaper 适用的数据形式不再是一般人都能看懂的表格，而是需要特定的格式，包括 shapefile（文件一般以 .shp 作为扩展名）、geoJSON（一种开源的地理信息代码，用于描述位置和形状）及 topoJSON（geoJSON 的衍生格式，主要用于拓扑形状，比较有趣的应用案例是以人口规模作为面积重新绘制行政区域的形状和大小，这一类图称为 Cartogram）。对于需要自定义地图中各区域边界和形状的制图师来说，MapShaper 是个极好的入门级工具，其简便性也有助于地图设计师随时检查数据是否与设计图相吻合，修改后还能够以多种格式输出。MapShaper 可视化案例如图 6-8 所示。

图6-8　地图处理工具MapShaper的在线界面

2. Carto

　　Carto（曾使用名称 CartoDB）是一款开源的地图可视化工具，可以自动发现和分析地理位置数据，如图 6-9 所示。使用 Carto，用户可以上传地理位置数据，并把这些数据可视化为数据集或者交互式地图。例如，利用 Beyonce 全球"粉丝"地图数据，可以呈现粉丝对 Beyonce 最新专辑的实时反应，制作出好玩的可视化作品。

3. Mapbox

Mapbox（如图 6-10 所示）是专业人士的首选工具，可以制作独一无二的地图，从马路的颜色到边境线样式都可以自行定义。它是一个收费的商业产品，Airbnb、Pinterest 等公司都是其客户。通过 Mapbox，用户可以保存自定义的地图风格，并应用于前面提到的 CartoDB 等产品。另外，它还有专属的 JavaScript 函数库。

图6-9　CartoDB可视化工具

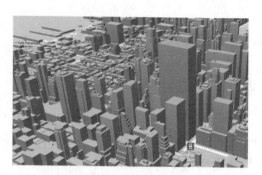

图6-10　使用Mapbox进行三维建筑可视化

4. Map Stack

Map Stack 是由可视化设计机构 Stamen（这家机构自称既非研究所又非公司，却以盈利为目的，非常独特）推出的免费地图制作工具，简便易用，如图 6-11 所示。

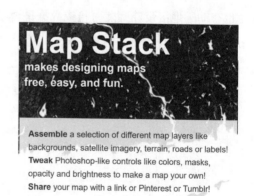

图6-11　Map　Stack可视化工具

6.3.4　基于编程语言的可视化库

常用的基于编程语言的可视化库如下。

1. R中的可视化工具

数据可视化本身是一门复杂的学科，包含很多方面的内容。在 R 中实现的数据可视化目前主要是数据的统计图展示，分为低维数据的展示和多维数据的展示。ggplot2 图形系统是 R 中功能最强大的图形系统，使用 ggplot2 展示数据更加美观和方便，因此本节在展示 R 中的各类统计图时选用 ggplot2 图形系统。在使用 ggplot2 之前，需要先安装并载入该包，代码如下。

```
> install.pachages("ggplot2")
> library(ggplot2)
```

使用 R 绘制的散点图是数据点在直角坐标系平面上的分布图，用于研究两个连续变量之间的关系，是一种最常见的统计图形，如图 6-12 所示。

使用 R 绘制的直方图又称为质量分布图，是一种统计报告图，如图 6-13 所示。直方图由一系列高度不等的纵向条纹或线段表示数据的分布情况，一般用横轴表示数据类型，纵轴表示分布情况。

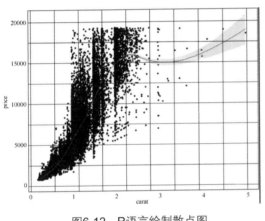

图6-12　R语言绘制散点图

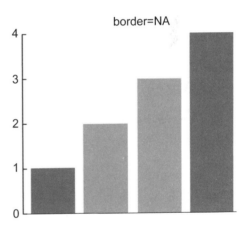

图6-13　R语言绘制的直方图

2. 基于JavaScript的图形化库

D3（Data-Driven Documents，数据驱动文档）是基于数据的文档操作 JavaScript 库。D3 能够把数据和 HTML、SVG、CSS 结合起来，创造出可交互的数据图表。其中，数据来源于作者，文档代表基于 Web 的文档（或网页），即可以在浏览器中展现的一切（如 HTML、SVG 等），而 D3 相当于扮演了驱动程序的角色，将数据和文档联系起来。D3.js 采用链式语法，非常方便用户对库中函数方法的引用。例如，"d3.select("body").append("p").text("New");" 语句表示为 p 元素添加文字内容。

D3 不隐藏用户的原始数据。D3 代码在客户端执行（在用户浏览器中执行，而不是在 Web 服务器中执行），因此用户想要可视化的数据就必须将原始数据发送到客户端。D3.js 实现数据可视化的步骤：①将数据加载到浏览器的内存空间；②把加载的数据与文档中的元素绑定，并根据需要创建新的元素。

3. 基于Python的图形化库

借助可视化的两个专属库，即 Matplotlib 和 Seaborn，Python 就能让用户很容易地实现可视化。基于 Python 的绘图库为 Matplotlib 提供了完整的 2D 图形和有限的 3D 图形支持，这对在跨平台互动环境中发布高质量图片很有用。Matplotlib 也可制作动画。Seaborn 是 Python 中用于创建丰富信息和有吸引力的图表的统计图形库。该库是基于 Matplotlib 实现的，具备多种功能，如内置主题、调色板、函数和工具，可以实现单因素、双因素、线性回归、数据矩阵、统计时间序列等的可视化，方便用户进一步构建复杂的可视化结果。

6.4 本章小结

数据可视化是提升大数据分析效率和结果表现力的重要手段，本章介绍了数据可视化的概念和作用，分析了数据可视化的过程及其分类，也分析了数据可视化工具应具备的基本特性，详细介绍了入门级可视化工具、信息图表工具、地图工具及基于编程语言的可视化库，能够帮助读者根据不同的应用场景选择合适的可视化工具与可视化方案。

6.5 习题

1. 简要阐述数据可视化的概念与作用。

2. 数据可视化的基本分类有哪些?

3. 数据可视化工具的基本特性有哪些?

4. 介绍几种典型的可视化工具。

5. 结合具体的案例介绍你准备采用的可视化方案。

第 7 章

大数据行业应用案例

　　经过近十年的蓬勃发展，以数据为核心的大数据产业生态正在加速构建，大数据对数字经济和社会发展的带动作用显著增强。大数据产业从初期概念普及、技术研发到向深层次的场景布局和产业切入转变，思考并探索大数据技术落地应用场景成为行业共识，也成为大数据企业步入产业发展深水区的关键。目前，大数据产业迎来了新的发展机遇，大数据与政务、交通、金融等领域的结合日益紧密，产业应用成熟度和商业化程度不断提高，因此很有必要对大数据行业应用的发展状况和技术特点进行分析。

7.1 大数据行业应用概述

　　大数据作为一项赋能型技术，可以与众多领域中的应用环节相结合，产生丰富的应用场景。随着大数据技术的发展，其应用场景也将不断增多，大数据将深入人们生活的方方面面。为了满足人们的生活需求、成长需求、工作需求、公共需求等，一批基于大数据的典型应用场景逐渐诞生。如图7-1所示，基于讯飞大数据平台，整合巨量、多源、异构的数据资源，进行数据汇集、数据管理、数据治理、数据挖掘、数据共享、数据可视化、数据安全等操作，支撑了教育、医疗、政务、水利、市场监管、交通、金融等各个行业的数据应用。

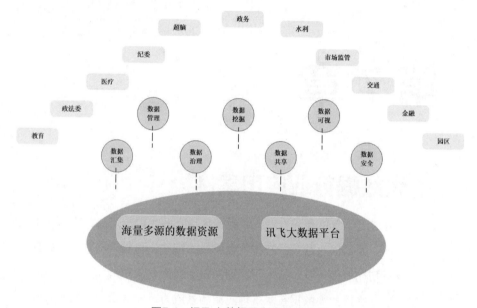

图7-1　讯飞大数据平台资源及应用

7.2 政务大数据

　　政务大数据通过构建统一的数据共享交换平台，将政府各业务部门的相关数据汇集到城市级大数据中心，实现全量政务数据互联互通；通过编制全市可迭代的政务数据资源目录，可以对政务数据进行有效治理，进一步推进政务数据资源面向社会、行业开放；提供大数据开发工具箱，促进大数据应用创新。

　　政务大数据的实施能够促进城市范围内数据资产的有效治理和有效利用，深度挖掘政务数据资源价值，围绕"互联网＋政务服务""数据惠民""城市产业升级"等热点创新典型应用，构建大数据产业生态体系，实现政务大数据的集聚效应。

目前城市信息化和政务数据应用的情况如下。

（1）信息化系统现状：城市级信息化系统经过多年建设，已取得了一定成果，市直单位信息化覆盖程度总体较好，有丰富的政务数据资源。但是，各业务部门存在自定标准、自建平台、部门信息孤岛、数据目录不规范、不注重数据安全等现象。随着"互联网＋政务服务""数据惠民"战略的推行，迫切要求实现政务数据的有效治理和充分应用。

（2）政务数据中心现状：政府各业务部门两两对接，形成复杂的星状网络连接。对于部分公共数据资源、数据加工、计算服务，如果业务部门单独建设就会造成建设重复，且数据同步、数据格式异构等方面存在严重隐患，甚至还会出现一些无法解决的技术难题，同时还存在数据安全策略不统一、单独完成数据脱敏处理和过滤效率低且不利于数据的有效监管等问题。

政务数据中心连接的方式需要进行转变，其现状如图7-2所示。

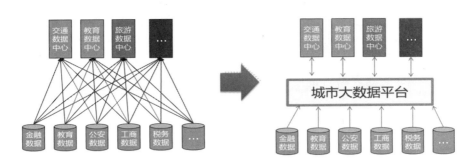

图7-2　政务中心数据现状

基于以上现状，政务大数据建设的实际需求如下。

（1）构建统一的政务数据共享交换平台，解决各种仅为满足单一业务需求而开发的"数据交换平台泛滥"问题，打破数据孤岛。

（2）构建统一的城市级数据资源目录，解决各业务部门"责任不明，不敢共享""认识不足，不愿共享""标准滞后，不会共享"等问题，提升数据资源共享的整体效能。

（3）完善数据资源汇集、共享、开放相关制度，通过制定并强力推行相关制度及规范，打破各部门间责任机制障碍和数据壁垒，为数据资源整合和共享提供保障。

（4）推进基于政务数据的各种示范应用（如公共租赁住房分配应用、社会保险长期待遇人员资格认证应用、老年优待证应用、小孩生育服务证应用等），充分挖掘数据价值。

政务大数据解决方案是面向城市政府部门、公共服务企业、创新创业企业建设的，为城市大数据项目实施提供了一套完整的一站式大数据平台解决方案，为数据仓库、商业智能、数据挖掘、数据可视化等领域服务，助力城市政企客户快速构建更敏捷、更智能、更具洞察力的大数据业务应用。

　　大数据平台具备本地和云端的多源异构数据敏捷接入能力，以及大数据应用和服务的统一部署能力，可以实现跨部门、多用户的资源共享、数据复用，避免构造新的信息孤岛，减少数据平台重复建设造成的资源浪费。

　　在数据统计分析和数据深度挖掘的基础上，大数据平台还可以向政府部门、企事业单位和社会公众开放脱敏数据，实现大数据服务众包。基于云计算基础设施部署的大数据平台也可以无缝扩展计算和存储能力，实现新建大数据应用的快速部署，并向有需要的政府部门、企业组织提供安全、稳定、可计量的大数据计算和存储服务。

　　基于政务大数据平台的一站式大数据解决方案整体情况如图 7-3 所示。

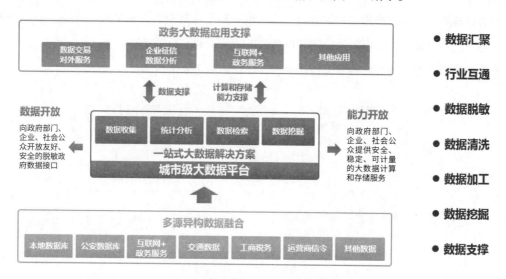

图7-3　政务大数据一站式解决方案

　　多源异构数据主要包括本地数据库、公安、交通、工商、税务及其他数据。大数据平台敏捷接入这些数据源，并进行开放和融合，获得平台存储和计算资源，可以更好地支持政务大数据平台建设。

　　政务大数据共享交换平台（如图 7-4 所示）可以实现国家、省、市三级政务信息资源共享交换，对数据资源进行统筹调度，推动数据有序共享；深化数据开发利用，为各级政府部门提供数据服务，优化行政管理流程，实现"让群众少跑腿、信息多跑路、办事更省心"的便民目标；构建人口、法人、证照、信用等基础库，以及政务服务、营商环境、市场监管、金融服务等主题数据库。

　　基于城市级政务大数据平台汇集的数据，政务大数据应用项目整合各类政务服务事项和业务办理等信息，通过网上大厅、办事窗口、移动客户端、自助终端等多种形式，结合第三方平台，为自然人和法人提供一站式业务办理的政务服务。政务大数据应用具体情况如图 7-5 所示。

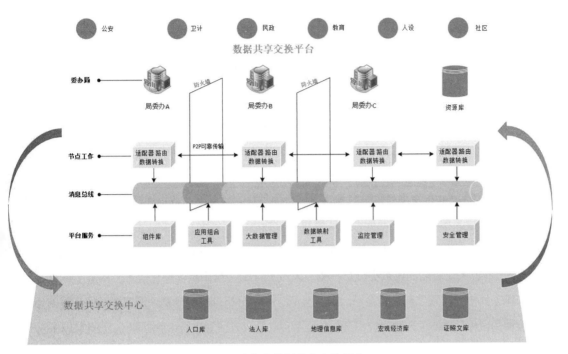

图7-4 政务大数据共享交换平台

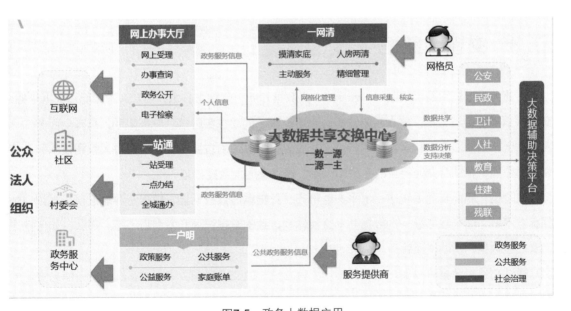

图7-5 政务大数据应用

大数据平台搭建了一站通、一网清、网格化管理等一系列应用系统，构建互联网政务服务门户灵活的注册方式和多手段的实名认证，解决跨区域、跨部门的用户统一管理、注册用户的实名认证问题，实现统一注册用户的一点登录多处申办；构建完整的网上办事体系，依托统一的事项目录清单和事项实施清单，方便老百姓便捷地查找目标办理事项，随时随地快速申办、预约，并对办事中的疑惑、想法和不满进行多途径的咨询、建议和投诉。

构建政务服务管理平台，实现政务服务目录清单和实施清单全程动态管理、政务服务事项变化追踪、自动检查校验、汇总统计、对比分析，实现网上预约、受理、审核、审批、收费、送达、评价等环节的管理。把政务服务搬到百姓家门口，改变各部门在基层分设窗口、分头收件办理的做法，设立综合服务窗口，实现"一站受理、一点办结、全城通办"。

依托政务基础数据资源，灵活构建政务决策指标体系和决策分析预测模型，辅以多维度、多样式、多层次的展现形式，可以实现从"经验决策"向"科学决策"的转变，其用到的关键技术如下。

（1）利用数据共享交换技术对数据进行整合处理并实现动态的数据处理，经过数据质量检查、校核等过程，进入核心库，按照元数据管理规范对数据进行分类、分级管理，利用大数据存储、挖掘技术，分析人口和法人的各种业务，在数据传输、存储过程使用加密算法进行加密，保证数据安全。

（2）基于人工智能的大数据分析挖掘、大数据开发平台采集套件化技术，集成了数据挖掘和人工智能工具包，实现了对聚类分析、分类分析、关联分析、模型预测、深度神经网络等常用算法的直接调用，大大降低了大数据应用开发的复杂度，可以方便地进行大数据和人工智能应用的开发。

7.3 交通大数据

交通大数据应用是以物联网、云计算、大数据等新一代信息技术，结合人工智能、数据挖掘、交通科学等理论与工具，建立起的一套交通运输领域的动态实时信息服务体系，具有全面感知、深度融合、主动服务和科学决策的特点。交通大数据应用的首要任务是通过对大数据技术和人工智能的叠加，并结合交通行业的专家知识库，建立交通大数据模型。

现阶段，智能交通系统应用水平参差不齐，数据孤岛效应明显，数据资源缺乏顶层规划，数据标准不一，尚未建立统一的数据共享交换体系，致使数据资源开发利用不足。那么，如何挖掘海量交通数据，辅助交通管理与决策呢？

通过交通大数据可以实现以下目标：①建立统一的交通资源共享标准，实现交通信息资源的互联互通，提升公共交通服务水平；②整合互联网数据和各部门交通信息数据，建设城市交通大数据中心，建立交通主题数据库，为数据挖掘和分析提供标准数据资源；③建设基于"城市智脑"的交通流量实时感知及分析预测大数据平台。

交通大数据具有数据量大、设备多、时效性强等特点，具体内容涉及指挥与管控等具体业务（SaaS 层）、数据共享、治理与分析模型 (DaaS 层)、大数据分析与计算工具（PaaS 层）、大数据存储与计算设施（IaaS 层）、交通数据集成、交通任务执行等，解决方案如图 7-6 所示。

通过交通大数据可以进行城市人群时空图谱分析、交通运行状况感知与分析、交通安全分析与预警等。接下来，我们结合实际交通数据进行人群生活模式划分和道路拥堵模式预测，通过分类和聚类算法实现交通大数据的价值挖掘，让城市交通更具智慧。

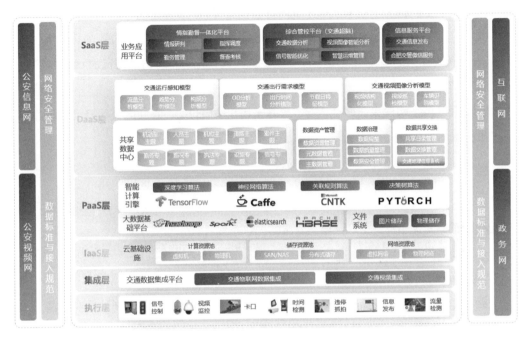

图7-6　交通大数据解决方案

7.3.1　人群生活模式划分

城市人群时空图谱可以描述城市中各行各业人群的生活轨迹，包括公职人员、商场精英、高校学子、服务人员等，我们可以根据性别、年龄、职业等显著性特征对人群进行分类。对于交通大数据而言，这些简单的分类远不能满足实际需要，需要进一步掌握人群本质属性划分法，合理把控各类人群的数量分布，以及聚集地随时间的变迁关系等各项指标。

是否能通过人群的生活模式特点，从更科学的角度为一群人贴上相应的标签，服务于智慧交通，为建设美好城市添砖加瓦呢？本节介绍一种生活模式划分方法，从人们作息习惯、访问位置切换模式的变化中提炼每个人的生活模式特点，从而达到理想的生活模式挖掘。本节使用某手机运营商的信令数据，记录了某区域用户在一段时间内与基站的交互情况。数据全程脱敏，以保证数据隐私与安全。

原始手机信令中存在大量的无用数据，为了有效地对数据进行分析，需要对数据进行预处理。数据预处理一般为数据 ETL 过程，将数据从源数据库传输到目标数据仓库，并对数据进行有效治理。

在对原始数据进行 ETL 之后，需要根据业务需求进行数据建模。本节主要根据人群访问位置随时间的变化进行人群生活模式划分，如普通上班族的工作时间为朝九晚五，工作日访问位置局限于工作地与居住地；而外卖小哥的访问位置则频繁变动。

确定好业务需求，接下来需要完成位置筛选和位置编码。以单个用户为例，按工作日（星期一至星期五）、节假日（星期六、星期日）分别统计其平均半小时内访问位置的切换情况，将其作为人群生活模式聚类的基本特征。经过上述位置筛选，得到用户访问位置的 cell_id 列表。为了便于程序理解及计算，需要对这些 cell_id 进行编码。

数据预处理及特征构建完成之后，接下来基于用户访问位置特征矩阵进行聚类建模，实现人群生活模式划分。

1. 距离矩阵构建

在聚类算法中，公认的比较重要的一项指标是距离函数，如欧氏距离、余弦距离等。根据项目需求选择合适的距离函数，是保证聚类效果的先决条件。

常用的距离函数如下。

（1）欧氏距离。

欧氏距离是最常见的一种距离度量方法，衡量的是多维空间中各点之间的绝对距离。二维平面上两点 $a(x_1,y_1)$ 与 $b(x_2,y_2)$ 间的欧氏距离公式如下。

$$b_{12} = \sqrt{\left(x_1 - x_2\right)^2 + \left(y_1 - y_2\right)^2}$$

（2）余弦距离。

两个向量夹角的余弦值可用来衡量两个向量方向的差异，机器学习中借用这一概念衡量样本向量之间的相似程度。在二维空间中，向量 $A(x_1,y_1)$ 与向量 $B(x_2,y_2)$ 的夹角余弦公式如下。

$$\cos a = \frac{x_1 x_2 + y_1 y_2}{\sqrt{x_1^2 + x_2^2}\sqrt{y_1^2 + y_2^2}}$$

（3）Jaccard 相似系数。

两个集合 A 和 B 的交集元素在 A、B 的并集中所占的比例，称为两个集合的 Jaccard 相似系数，用符号 $J(A,B)$ 表示。Jaccard 相似系数越大，说明两个集合的相似度越高。与 Jaccard 相似系数相反的概念是 Jaccard 距离，数值上表示为 1 减去 Jaccard 相似系数。Jaccard 距离用于表示集合之间的不相似度，Jaccard 距离越大，集合相似度越低。

$$J(A, B) = \frac{|A \cap B|}{|A \cup B|}$$

（4）编辑距离。

编辑距离（又称 Levenshtein 距离）主要用来比较两个字符串的相似度，是指一个字符串转换为另一个字符串所需的最少编辑操作次数。编辑距离越大，说明两个字符串越不同。这里允许的单个字符编辑操作仅有三种情况：插入、删除和替换。

在人群生活模式划分算法中，使用的距离函数是编辑距离的一种变形，具体说明如下。

user_1 的位置编码与 user_2 的位置编码在改变最小位数的情况下，能保证两人地理位置访问模式相同，如表 7-1 所示。

表7-1 user_1与user_2的位置编码

user_1	1	1	1	2	3	1	1	2	2		3	3	3
user_2	1	1	2	3	2	1	1	4	4		2	2	2
改变			1	4				2	2				

上述 user_1 与 user_2 访问位置的编码中，最小编辑距离为 4，只需要将 user_2 中对应的 4 个访问位置进行替换，便能得到与 user_1 访问位置相同的模式。

因此，dis(user_1,user_2) = 4。

2. 聚类模型

常用聚类方法有 K-means、K-medoids 等，本节使用 K-medoids 聚类方法实现具体聚类。

（1）随机选取一组聚类样本作为中心点集，初始化聚类中心点。

（2）每个中心点对应一个簇。

（3）计算各样本点到各个中心点的距离，将样本点放入距离中心点最近的那个簇中，实现初步的样本点分类。

（4）计算各簇中距簇内各样本点绝对误差最小的点，作为新的中心点。

（5）如果新的中心点集与原中心点集相同，算法终止；如果新的中心点集与原中心点集不完全相同，返回第二步。

具体代码读者可以根据特征处理结果进行编写。案例的聚类模型构建过程主要包括：①距离矩阵读取；②特征向量读取；③聚类实现过程。读取距离矩阵，并根据随机选取的初始化聚类中心点分别将所有样本点分配到所属的聚类簇中；根据簇内最小距离指标，更新每个簇的新中心点；重新分配每个点所属的聚类簇；算法迭代，直到聚类中心点不再更新为止。找到聚类中心点，将中心点的特征向量与中心点匹配，并保存以备后续可视化使用；同时，保存所有点所属类别，以备后续使用。

通过上述聚类，将某城市人群分别划分到了七种生活模式中，并根据聚类中心点的特征实现生活模式可视化的过程，如图 7-7 所示。

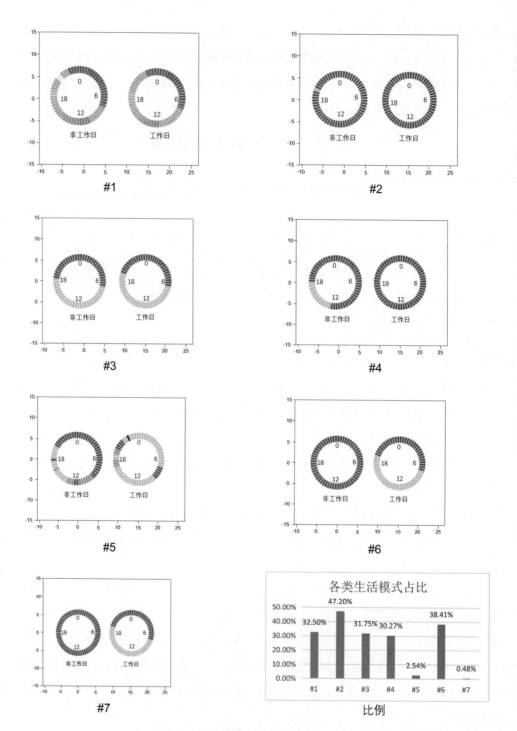

图7-7 城市人群的七种生活模式

从上述聚类结果来看，我们初步将某城市的人群生活模式设定为七类，并对每一类聚类中心点访问位置的特征向量随时间进行可视化。分别从节假日、工作日的 24h 分布来观测每类人群的访问位置的变化情况，并以 30min 为最小时间单元统计位置信息。

根据上述生活模式划分结果，并根据人群早晚访问位置进行地图可视化展现，观测不同人群的地理分布特点及位置随时间的切换特性。

图 7-8 为 #2 人群，无论是早晨 10 点上班时间段还是晚上 8 点休息时间段，该部分人群聚集地没有显著变化；同时，结合地理位置信息及商圈 POI（Point of Interest，兴趣点）数据可知，这部分人群主要分布在市中心的住宅区、个体商户圈、大学城附近几所高校。这部分人群分布存在典型特点：人口空间分布基本不随时间而发生变化，和学校、个体户及住宅区的人口分布特点相吻合。

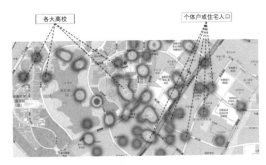 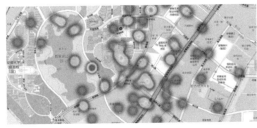

工作日 9:00　　　　　　　　　　　　　工作日 20:00

图7-8　生活模式#2场景展示

图 7-9 为 #6 人群，该部分人群在工作日、节假日访问地理位置信息存在较大区别：节假日基本很少外出，长时间居于居住地，而工作日则在居住地与工作地之间切换。同时，从访问位置切换时间来看，该部分人群基本于 8 点从居住地前往工作地，17:30 从工作地前往居住地，是典型的朝九晚五的上班族。

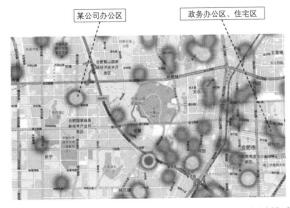 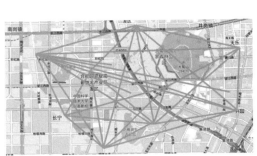

图7-9　生活模式#6场景展示

图 7-10 为 #5 人群，从生活位置切换图中明显可以看出其活动范围变化特别频繁，由此推断其可能是出租车司机、专车司机、外卖配送员、快递小哥等人群。同时，随机抽取其中一位用户，并将其一天的历史轨迹在地图上进行可视化，观测到的结果表明其可能是出租车司机。

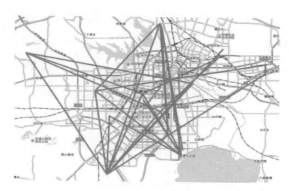
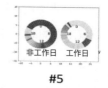

图7-10　生活模式#5场景展示

7.3.2　道路拥堵模式预测

我们生活的城市被纵横交错的道路所分割，每天上班、下班都需要经过某些道路，且路线还可能不同。以班车为例，不同季节班车司机选择的路线可能是不同的，即使同一天中，在早高峰和晚高峰班车司机选择的线路也可能存在很大差异。是什么原因导致班车路线发生变化呢？显而易见，很可能是道路的拥堵情况。

整个城市路网的运行状态犹如一幅带有语言的地图，不断向我们"诉说"着各条路段的通行情况。对交通管理者来说，精确定位拥堵位置、分析拥堵原因、解决拥堵问题是最为重要的；从市政运输管理者的角度来看，分析路段拥堵模式、挖掘拥堵扩散模式、优化整个城市路网通行状态是首要任务；从数据分析者的角度来看，统计分析各路段的拥堵情况、结合路网信息挖掘拥堵链路，辅助交警、市政规划局优化交通道路建设，是实现数据价值与自我价值的有效途径。

下面从基础的道路通行状态统计、分析、聚类等维度对某市部分道路的拥堵情况进行分析和研究。本案例数据来自某地图 App，数据格式如表 7-2 所示。

表7-2　城市道路拥堵数据格式

字段	说明
link_id	某条道路id
work_flag	是否工作日，1为工作日，0为非工作日
time_stamp	采集时间戳，20.5指20点30分
congestion_type	拥堵指数，1为畅通，2为缓行，3为拥堵，4为超级拥堵

不同道路拥堵缓行时刻各不相同，对选取的道路每隔 30min 统计一次路况，得到的道路拥堵模式如图 7-11 所示。

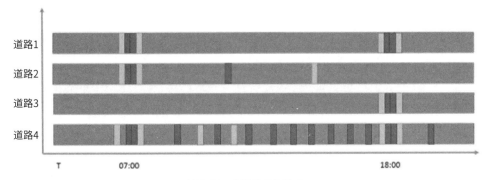

图7-11　道路拥堵模式

从地图 App 获取路况数据后，首先进行数据预处理，主要包括以下内容。

（1）清除缺失数据：清除字段为空的记录。

（2）清除错误数据：清除字段错误的记录。

（3）根据 link_id 进行道路拥堵指数聚集。

（4）根据时间进行道路拥堵指数排序。

案例仍然以 30min 为最小时间粒度，每日 24h 划分为 48 个时间片，并对道路拥堵指数按时间片进行聚合计算，同时按照 48 维时间片进行拥堵指数排序。

经过上述特征处理，道路特征如表 7-3 所示：每条道路在工作日、节假日分别存在 48 维拥堵指数，各路段存在唯一标识字段 link_id，特征取值范围是[1, 2, 3, 4]。例如，某条道路的 6:00~6:30 这一时间段，从一个月的工作日统计来看，存在接近 21 条拥堵指数记录，congestion_list = [1,1,1,1,2,1,1,2,2,3,1,1,…]。根据投票原则，选择出标识最多的拥堵指数作为该条道路一个时间片内的拥堵指数。

表7-3　道路特征

link_id	T1	T2	T3	T4	…	T93	T94	T95	T96
209	1	1	1	1		2	3	1	1
1567	1	1	2	2		4	3	1	1

图 7-12 展现了工作日和节假日两条道路的拥堵指数特征，每条道路存在 96 维拥堵指数，前 48 维代表工作日，后 48 维代表节假日。

道路拥堵模式聚类仍然采用 K-medoids 聚类算法，在编码中使用的距离一般有：①李氏距离，两个字符串间距离的一种度量方法；②编辑距离，两个字符串之间，由一个转成另一个所需的最少编辑操作次数；③汉明距离，将两个字符串进行逐位对比，统计不一样的位数总和。

基于李氏距离和编辑距离计算的特征距离如图 7-13 所示。

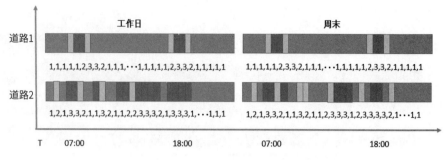

图7-12　工作日、节假日两条道路的拥堵指数特征

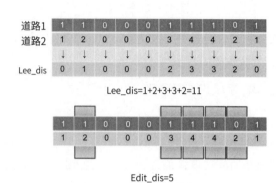

图7-13　基于李氏距离和编辑距离的特征距离

根据统计分析，7类典型道路拥堵模式如图7-14所示。下面简单分析其中几类拥堵模式的具体表现，并进行地图可视化展示。

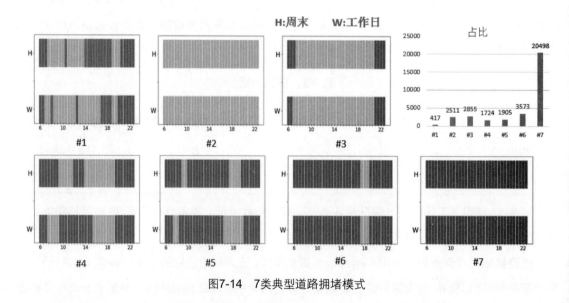

图7-14　7类典型道路拥堵模式

如图7-15所示，#1类型主要表现为早晚高峰拥堵，周末早高峰推迟至11点，14~19点长时间拥堵。拥堵范围主要聚集在一环道路内及周边要道，以南一环、北一环、长江路等为典型代表。

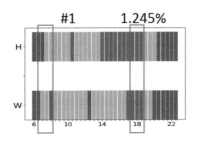

图7-15　#1典型模式呈现

如图 7-16 所示，#2 类型的道路不分工作日和周末，常年处于缓行状态。这类拥堵通常是由于地铁修建、道路改造等造成的。

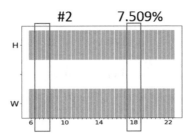

图7-16　#2典型模式呈现

如图 7-17 所示，#3 类型的路段在早高峰至晚高峰之间处于缓行状态，路段主要分布在市中心各交纵干道间。

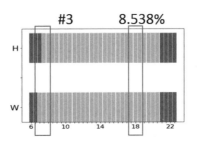

图7-17　#3典型模式呈现

如图 7-18 所示，#7 类型的路段常年畅通，主要为市内非主干道、周边郊区连续贯穿路网等。

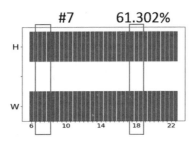

图7-18　#7典型模式呈现

7.4 征信大数据

大数据平台有效整合了政务、互联网、金融等多方数据，提升了信用相关数据的归集、开发和共享效率，并且能够基于海量数据创建个人和企业的全角度画像，从而降低金融机构信贷成本，有效提升中小微企业金融服务可得性，缓解信贷弱势群体融资难、融资贵等困境，助力相关部门提升金融监管水平，优化本地金融生态圈。下面从金融征信方面介绍金融大数据的具体应用。

7.4.1 企业征信大数据应用

1. 征信概述

征信是指依法采集、整理、保存、加工自然人、法人及其他组织的信用信息，并向信息使用者提供信用报告、信用评估、信用信息咨询等服务，帮助客户判断和控制信用风险，进行信用管理的活动。征信分为企业征信和个人征信，以信用报告为表现形式。

中国对外贸易经济合作企业协会曾经对全国近 10 万家涉外经贸企业进行企业信用信息跟踪调查，调查结果表明，企业信用方面存在的主要问题是"拖欠货款税款""违约""制售假冒伪劣产品"。一般企业在经营过程中能够获取到的客户信息如表 7-4 所示。

表7-4 客户信息获取渠道及信息可靠与完善程度

客户信息获取渠道	可靠程度	完整程度	状态	费用
客户介绍资料	低于60%	可达80%	静态	无
企业网页	平均50%	可达70%	静态	低
初步直接接触	低于70%	可达50%	动态	中等
长期直接接触	低于90%	可达90%	动态	非常高
银行提供的报告	平均80%	可达90%	动态	中等
征信公司调查报告	平均80%	可达95%	动态	较高

由此可见，企业依靠自身，要想低成本获取高可靠、动态、完整的客户信息是一件非常困难的事情，同时，整合企业征信信息对于提高经济活动效率及解释信用活动风险具有重要意义。

（1）征信组成。

征信由征信机构、信息提供方、信息使用方、信息主体四部分构成了一个完整的征信行业产业链，如图 7-19 所示。征信机构向信息提供方采集征信相关数据，信息使用方获得信息主体的授权以后，可以向征信机构索取该信息主体的征信数据，从征信机构获得征信产品。

征信机构一般本身会拥有一些数据，也会向第三方数据公司购买维度更丰富的数据，基于这些数据进行征信建模，提供企业征信大数据解决方案。

信息提供方包括政府机构、商业银行、运营商、企事业单位，以及一些具有支付、社交、电商等场景的互联网公司。这类组织机构都有一些特殊的数据源，会进行数据采集和数据初步分析挖掘。

信息使用方是征信数据的最终用户，如银行、P2P 贷款机构等。信息使用方需要征信报告时，会向征信机构索取，索取时需要获得信息主体的授权。

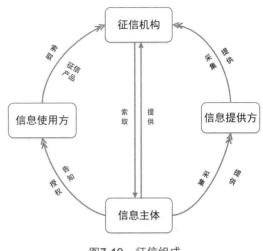

图7-19　征信组成

（2）传统征信。

传统征信的信息非常简单，征信机构较少，信息来源比较单一，只是将各类金融机构日常信用工作中搜集到的企业和个人信用信息，以及其他社会机构收集到的信用信息统一上报到中国人民银行，供政府部门、授信机构、信息主体进行查询。中国人民银行征信系统如图 7-20 所示。

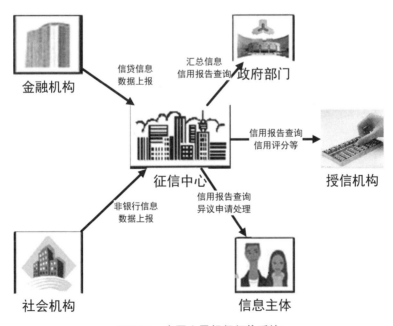

图7-20　中国人民银行征信系统

由中国人民银行汇总的基础征信信息主要包含信息主体基本信息、公用事业单位具备交易信用特征的信息记录、政府部门在行政执法过程中产生的信息、信贷交易信息、商业银行搜集的能够反映信息主体信用的其他信息。

（3）大数据征信。

随着国家推动社会信用体系建设的步伐不断加快，大数据征信的概念得到广泛传播，已被越来越多的人所了解。在征信数据源、信用评估建模、征信服务三要素中，大数据征信主要体现在前两个要素。一方面互联网金融时代，信用评估的数据来源更加广泛，从有多少张信用卡、每个月消费多少、还款记录如何，到喜欢浏览什么网站、手机是什么型号甚至 IP 地址对应的位置、社交网络与电子商务行为中产生的海量异构数据，都可以用来刻画用户肖像，大数据征信收集的数据类型如表 7-5 所示；另一方面，针对大数据的数据源特性，使用大数据分析和建模技术，可以构建大数据信用评估模型。

表7-5　大数据征信收集的数据类型

信息类型	数据类型	具体数据
公共事业数据	政府信息公开数据	个人户籍，学历、学籍，水、电、燃气，工商执照等
金融数据	商业银行账户	信用卡、储蓄卡账户流水
消费记录	移动支付、第三方支付、电商平台账户	支付宝、财付通、汇付天下、快钱、拉卡拉、京东、淘宝等
社交行为	网络化的社交账户信息	微信、微博、博客、人人网、贴吧等
日常行为	日常工作、生活信息	公用事业缴费记录、移动通信、社保缴费记录、物流信息等
特定行为	特定环境下抓取的行为数据	互联网访问记录、特定网页停留信息、检索关键词等
用户上传信息	用户上传的信用数据	房产信息、车辆信息、职业资格、信用卡账单、消费信息等

2. 企业征信大数据平台

大数据的特点是数据量大，但是价值密度低，要从海量数据中挖掘企业征信有价值的特征属性，需要设计合理的企业大数据征信平台架构，满足大数据征信评估和服务需要。

　　企业征信大数据平台架构一般包括应用、模型、数据三个相互迭代的层面。数据是构建模型的基础，应用调用模型输出，并将数据更新和用户操作记录及时反馈给数据，进而更新模型，以期获得更精确的应用。企业征信大数据架构采取自上而下的设计模式，形成以"门户、平台、数据仓库"为核心的架构体系，如图 7-21 示。

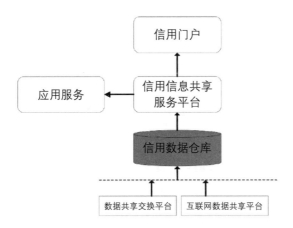

图7-21　企业征信大数据架构

　　其中，"信用门户"是指信用互联网门户，"平台"是指信用信息共享服务平台，提供数据处理、信用服务、评分评级、分析统计等服务。"信用数据仓库"是指基于丰富的数据源，与数据共享交换平台系统共享数据，实现信用数据共享互通。

　　企业征信服务流程如图 7-22 所示，企业征信服务由用户发起，用户可以实时获取企业信息，企业授权查询以企业为单位的信用标签集合，返回企业的信用标签及关联关系。

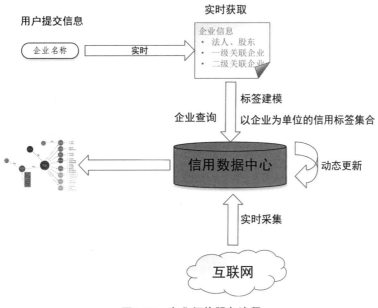

图7-22　企业征信服务流程

企业征信大数据应用具有如下特点。

（1）大数据实时采集，能够通过互联网技术全面采集企业信用信息，包括政府监管信息、行业评价信息、媒体评价信息、金融信贷信息、企业运营信息和市场反馈信息等，并及时纳入信用数据中心。

（2）大规模数据快速处理，能够将批量采集的数据资源迅速清洗出有价值的信用信息，聚合有关企业有效信用数据，形成有效的企业信用特征维度。

（3）统一的数学模型进行信用评级，面对海量的企业信用数据，企业征信的信用评级是通过统一的数学计算模型对企业信用信息进行计算，并得出相关企业的信用分值和信用等级。

（4）动态更新数据，实时评估信用状态，能够动态更新数据、实时更新信用模型。例如，当前一家企业的信用评级良好，下一刻监管部门或新闻媒体就有可能发布关于这家企业的负面信息，企业征信要能够实时捕捉这些信息，并通过数据计算模型对数据进行处理，对企业的信用状况进行及时的更新，让公众能够及时了解企业最新的信用信息，并能够实时为企业出具信用报告。

按照数据类别划分，涉及征信的数据源包括司法数据、黑名单数据、行政处罚数据、公共事业数据、金融信贷数据、行政处罚数据、运营商数据、互联网数据、人口属性数据、房产数据、企业数据、商旅出行数据等。其中，司法数据是指全国法院判决文书、全国法院公告数据、全国失信被执行人数据等；黑名单数据是指司法部门公布的犯罪行为名单、社会机构公布的黑名单、银行业金融机构公开的老赖名单等；公共事业数据包含公安、交警、社保等部门的数据，如工商注册数据、环保数据、药检数据、质监数据、安检数据、税务数据、产权数据、社保数据、公积金数据；金融信贷数据包含银行信贷数据、网络信贷数据；行政处罚数据包括企业欠税、环保处罚、药检处罚、社保处罚等；运营商数据是指用户的手机类型、手机用户唯一标识、订购套餐类型等基本信息，以及由此延伸出的手机用户的实际话费、手机定位信息、手机号码注册地、身份证居住地址等；互联网数据包括电商数据、社交数据、网痕数据等；人口属性数据是指法人姓名、法人年龄、法人性别、法人身份证居住地址等；房产数据是指个人或企业名下住房登记数据、房产抵押登记数据；企业数据包含企业工商数据、企业经营数据、企业上报数据、企业舆情信息、企业关联方信息、风险传导信息；商旅出行数据包括乘坐交通工具信息、下榻酒店信息等。

3.企业征信画像

企业征信画像是指根据企业的基本面、经营行为等综合性数据建立标签体系，准确刻画出企业的全局特性。企业画像库建设是整个征信画像系统的重要环节，画像库划分得是否准确直接决定征信画像的应用效果。画像库的建设主要包括标签建模（企业画像标签建设）和业务建模（支撑上层业务应用的预测标签），主要步骤为：①标签库基于原始数据，建立企业的事实标签；②

进一步对标签建模，进行分类、聚类、回归处理，形成业务的模型标签；③在模型标签的基础上，按照分析模型进行分类预测，最终形成预测标签，如图 7-23 所示。

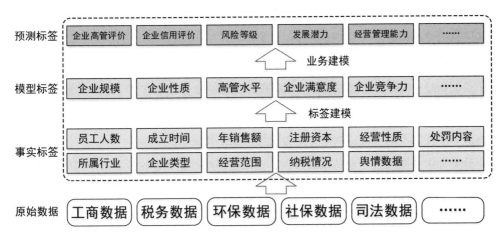

图7-23　画像库建设步骤

（1）标签建模。

企业信用画像的重点工作就是为企业打标签，而标签通常是高度精练的企业特征标识，如企业规模、企业性质、企业满意度等。将企业的所有标签综合起来，就可以勾勒出该企业的立体画像。当然，该过程也是循序渐进的，随着企业数据量的不断增加，企业标签也在不断丰富完善。

根据原始数据的事实标签进行标签建模，得到企业的模型标签，刻画企业全方位信息的特征，这个过程主要是将传统方法难以量化分析的、非结构化的企业相关数据，通过数据挖掘和统计建模的分析方法，转化为可量化、可比较、可理解的标签数据。一般来说，标签建模是原始数据加工后的中间产物，是企业从大数据积累到大数据应用的必经之路，同时，该过程也是整个画像库建设的核心环节，涉及标签体系范围和建立标签两个步骤。

①标签体系范围：标签体系是企业多角度的信息展示，所以一方面通过企业的特征描述划定标签内容，如企业规模、企业性质、成长能力等；另一方面以上层应用为导向，根据业务模型中所需要的输入参数确定标签内容，如信用评价模型中常常会考虑到财务状况，进而需要了解企业的资产能力、盈利能力等。

②建立标签：常用的建模方法有分类模型、聚类模型、回归预测、主题抽取、复杂网络分析。分类模型就是根据事物已知的特征或属性，将未知类别的事物划分到已有的类别中，如可以根据企业人数、资产数量等判断企业为何种规模，聚类模型是基于一批事物的属性，把相似的事物聚成一簇，从而得到若干簇的事物集合。聚类模型通常并不需要使用训练数据进行学习，所以又称为无监督聚类，常用的聚类算法包含 K-means、K-medoids、层次聚类、密度聚类等。回归预测是在分析自变量和因变量之间相关关系的基础上，建立变量之间的回归方程，并将回归方程作为

预测模型。主题抽取是对文档中的隐含主题进行建模和抽取。复杂网络是由数量巨大的节点和节点之间错综复杂的关系共同构成的网络结构，具有简单网络所不具备的特性，而这些特性往往出现在真实世界的网络中。通过企业之间的关联信息，可以在企业之间建立企业权属、企业借贷、企业商业往来的复杂网络。

（2）业务建模。

基于模型标签，着眼于上层的业务应用，选择合适的业务建模方法，计算出相应的预测标签，以供应用系统的功能调用。涉及的预测标签主要有企业分类评级、企业信用评级、企业风险预警。随着企业画像标签的不断丰富，此处的业务模型也在不断完善。

企业分类评级主要通过企业基本面数据、近期处罚类数据判断企业在政府监管层面上的评定等级。

企业信用评级是从基本面数据、财务数据、舆情评论、高管个人信用等数据，使用逻辑回归、决策树等建模方法进行处理，并不断地进行循环验证后综合给出。

企业风险预警是结合企业动态的经营数据（如员工人数、注册地变化、现金流变化、企业用电变化等），运用不对称分析和趋势分析等方法，及时识别出企业的风险信号，并给出企业的风险等级。

利用企业征信画像预测标签时，常常用到征信评分模型。征信评分模型主要解决信用分值计算和信用等级划分问题。征信分值计算常用的算法包括逻辑回归、决策树、支持向量机、随机森林、XGBoost 等传统的机器学习算法，以及多层神经网络等深度学习算法。神经网络技术能够模拟人脑的部分功能，适合处理需要同时考虑许多因素和条件的非线性问题。可以使用如图 7-24 所示的多层神经网络模型进行征信分值计算，每层的输出是下一层的输入，最终得出 1~1000 范围内的评分，用来刻画企业征信在金融活动上的得分。

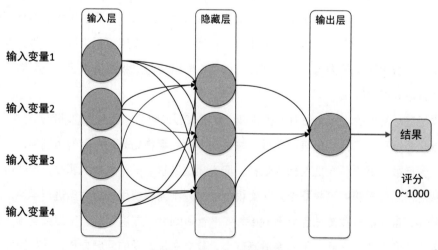

图7-24　多层神经网络模型

4.企业征信大数据应用

企业征信大数据应用样本量巨大并不是指绝对的数据量大，而是指覆盖了常规信贷数据以外的数据。企业征信大数据应用范畴包括企业信用调查、金融行业的风险控制、资本市场资信评级、商业市场企业资信调查等。

随着企业征信大数据与企业具体活动的融合，查询企业信用情况已经成为商业银行审核贷款、审核担保人资格、审核企业法人贷款资格、进行贷后风险管理等业务的必备环节。企业信用报告是企业征信大数据最常用的呈现形式，能够有效整合政府数据源，主要包括如下五大类数据。

①基本信息：包括企业基本信息，主要出资人信息，企业法人、企业高管人员信息，有直接关联关系的其他企业基本信息，企业获得的相关荣誉、证书、专利、行政许可等。

②经营状况：包括收支情况、资产负债情况、利润情况、现金流量等。

③履约情况：包括贷款还款、水电气缴费、社保缴纳、公积金缴纳、纳税信息等。

④行为信用：包括正向行为（获奖信息、资质信息等）、负向行为（行政处罚、投诉举报、法院判决等）。

⑤社会评价：包括媒体评价、行业协会评价、消费者评价等。

企业征信大数据可以展示企业关系圈。基于公安户籍数据、工商等数据，可以梳理出企业与企业、个人与企业之间的关联关系，并提供可视化展示。通过企业关联关系，可以了解企业实际控制者，为关联交易的识别提供依据，有效防范金融风险。

企业征信大数据还可辅助进行企业风险控制管理。企业风险控制管理主要是指金融机构对于企业风险的控制。对于任何一家金融机构来说，风控的重要性超过流量、体验、品牌这些人们熟悉的指标。风控做得好与坏直接决定了一家公司的生与死，而且其试错代价巨大，往往一旦发现风控出现问题就已经无法挽回。

企业征信在风控管理中的应用主要包括贷前企业信用评价、贷中风险预警、贷后债务清收，如图 7-25 所示。

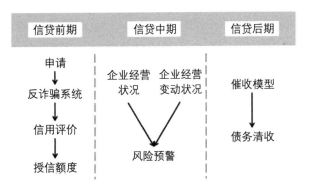

图7-25　企业征信在风控管理中的应用

信贷前期，企业征信服务精准获客，甄别优质的借贷客户，依托企业公共信用数据、互联网公开数据，利用大数据分析技术，建立贷前审批模型，为贷款审批评估、快速放贷提供决策依据。

信贷中期，企业征信有助于及时了解信贷主体在贷款过程中随时出现的风险，通过企业工商信息变更、法人信用变化、行政处罚、经营指标变化、企业差评指数等企业信用异动指标，建立贷中贷后动态监控模型，为金融机构提供信贷风险预警，有效防范金融风险。

信贷后期，企业征信能够搭建企业信用分类评级模型，根据企业信用度、所属行业等维度将企业聚类分群，及时为债务清收提供帮助。

企业信用评价贯穿整个信贷生命周期，对信贷主体进行基本面的实时监控和预警，找出企业经营过程中的异常风险点，降低金融机构在过程监管中的时间投入和人力投入，迅速发现潜在风险。企业风险预警的基本过程如图7-26所示。常用的企业风险预警分析方法包括变量的时间趋势分析、非对称偏差分析法等，在法人评价、趋势分析、不对称分析、互联网评价等过程中发现企业的风险点，并及时预警。

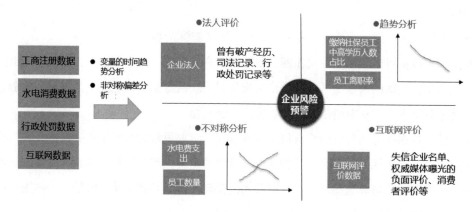

图7-26　企业风险预警的基本过程

7.4.2　企业法人资产建模实践

中小企业信贷是企业征信大数据应用的主要场景之一，信贷模型包括准入模型和评级模型。其中，准入模型是根据专家经验并结合相应的业务指标设计的一系列信贷准入规则，评级模型则是为了在风险控制时对企业的资信进行评级时所使用的模型。无论是准入模型还是评级模型，都涉及企业法人资产建模，接下来以此为例进行实践。

以法人资产模块建模为例，在获取建模指标后，通过数据质量检查、样本抽取、特征选择、模型建立、效果分析等步骤构建数据模型，具体流程如下。

1. 数据质量检查

数据质量检查包括数据的完整性检查、数据的逻辑性检查。数据的完整性检查是指对字段的缺失情况进行分析，分析每个字段的缺失比例，缺失比例超过 80% 的字段，尽量不在模型中使用。数据的逻辑性检查是指检查字段的数据分布是否符合业务逻辑，如企业法人房产数量字段，如果取值大部分为 0，那么就需要返回数据源查看字段是否存在错误。

2. 样本抽取

样本抽取包括正负样本的抽取。其中，负样本分为信贷违约、买卖违约两类，正样本指未发生信贷违约和买卖违约的样本。

建模样本集：一般而言，负样本企业较少，为充分利用负样本信息，建模样本通常保留所有负样本。同时，为保证模型的科学性，按照正负样本 5∶1 的比例在全部正样本中随机抽取作为建模样本的正样本。

补充样本集：为减小样本抽取随机性带来的建模误差，一共进行了 5 次抽取，组成了 5 组建模样本。经实际对比，5 次数据分箱没有显著差异，表明数据抽取稳定合理，可用于进一步建模。

3. 特征选择

数据经过随机抽样后，由于数据特征维度通常很高，因此需要对建模数据进行特征选择，选择比较重要的特征来建模。一般采用变量的 IV 值（Information Value，信息值）和 WOE（Weight Of Evidence，证据权重）进行特征选择，具体的特征选择过程如下。

（1）将数值型字段缺失值填充为 -1；对变量进行有监督的卡方离散化分箱，-1 单独成一箱；每箱要同时包含正负样本，且每箱的负样本比例要单调。

（2）计算每个变量的 WOE 值和 IV 值，选取 IV 值大于等于 0.02 的变量，因为 0.02 以下的信息值表示该变量与目标变量的相关性非常弱。

（3）对 IV 值大于等于 0.02 的变量进行 WOE 值编码，替换原始变量；计算 WOE 编码后的指标之间的相关系数，如果两个指标的相关系数大于 0.7，那么剔除这两个指标中 IV 值较小的一个。

4. 模型建立

根据需求对信用评分的建模方法做出说明，设计变量名称、变量值、变量描述，如表 7-6 所示。部分数据随机产生，主要目的是说明 Spark 建立逻辑回归的流程。

表7-6   法人资产的信用评分建模

变量名称	变量值	变量描述
是否违约	0、1	0表示不违约，1表示违约
法人性别	0、1	1表示男，0表示女
法人年龄	0~100	数据进行随机化处理
结婚年限	0~100	数据进行随机化处理
是否有子女	0、1	0表示没有，1表示有
法人房产数量	0~100	数据进行随机化处理
企业资产等级	0~100	数据进行随机化处理
法人名下机动车数量	0~100	数据进行随机化处理
法人配偶名下机动车数量	0~100	数据进行随机化处理

5. 效果分析

使用逻辑回归对结果指标进行进一步选择和显著性检验，结果如表 7-7 所示。

表7-7   结果指标选择和显著性检验

变量名称	变量解释	变量系数
load_label	是否违约	0.861230641
gender	法人性别	0.443503406
age	法人年龄	-0.044020219
years_married	结婚年限	0.110951313
children	是否有子女	0
house_number	法人房产数量	-0.313590289
capital_leve	企业资产等级	0.073802466
fa_car_number	法人名下机动车数量	-0.010162931
pei_car_number	配偶名下机动车数量	-0.508835444

7.5　画像大数据

用户画像（User Profile），即用户信息标签化，是大数据时代围绕"以用户为中心"开展的个性化服务。用户标签是从用户社交属性、生活习惯、消费行为等信息中抽象出来的，通过整合多个维度的信息构成了用户的整体描述。用户画像包含三个要素，即用户属性、用户特征、用户标签，且具有标签化、时效性、动态性三大特征。用户画像能够用于个性化推荐、计算广告、金融征信等，可以为产品的方向与决策提供可靠的数据支持，它是原始的用户行为数据和大数据应用之间的桥梁。

7.5.1　用户画像概述

现代交互设计之父 Alan Cooper 很早就提出了 Persona 的概念：Persona 是真实用户的虚拟代表，是建立在一系列真实数据之上的目标用户模型，用于辅助进行产品需求挖掘与交互设计。通过调研和问卷了解用户，根据他们的目标、行为和观点的差异，将他们区分为不同的类型，然后从每种类型中抽取出典型特征，赋予名字、照片、人口统计学要素、场景等描述。Persona 是最早对用户画像的定义。随着时代的发展，用户画像早已不再局限于早期的这些维度，但用户画像的核心依然是真实用户的虚拟化表示。

在大数据时代，用户画像尤为重要。相关企业通过一些手段，给用户的习惯、行为、属性贴上一系列标签，为广告推荐、内容分发、活动营销等诸多互联网业务提供了参考。毫不夸张地说，用户画像是大数据业务和技术的基石。某用户的标签集合如图 7-27 所示。

图7-27　某用户的标签集合

最初建立 Persona 的目的是让团队成员将产品设计的焦点放在目标用户的动机和行为上，从而避免产品设计人员草率地代表用户。产品设计人员经常不自觉地把自己当作用户代表，根据自己的需求设计产品，导致产品无法抓住实际用户的需求。

构建用户画像之前，用户的行为数据无法直接用于数据分析和模型训练，我们也无法从用户的行为日志中直接获取有用的信息。而将用户的行为数据标签化以后，如图 7-28 所示，我们对目标用户就有了一个直观的认识，可以将用户的行为信息应用于个性化推荐、个性化搜索、广告精准投放和智能营销等领域。

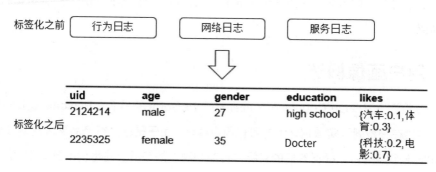

图7-28　用户标签化

7.5.2　构建用户画像流程

业内关于构建用户画像的方法有很多，如 Alen Cooper 的"七步人物角色法"、Lene Nielsen 的"十步人物角色法"等，这些都值得我们借鉴。但这些方法是基于产品设计的需要提出的，在互联网广告营销、个性化推荐等领域可能不够通用。我们对构建用户画像的方法进行总结归纳，发现用户画像的构建一般可以分为目标分析、标签体系构建、画像构建三步。

1. 目标分析

用户画像构建的目的不尽相同，有的是为了实现精准营销，增加产品销量；有的是为了进行产品改进，提升用户体验。进行目标用户的分析是构建用户画像的第一步，也是设计标签体系的基础。

目标分析一般可以分为业务目标分析和可用数据分析。目标分析的结果有两个：一个是确立画像的目标，即画像的效果评估标准；另一个是确定可用于画像的数据。画像的目标确立要建立在对数据进行深入分析的基础上。

2. 标签体系构建

在完成已有数据分析和目标分析之后，还不能直接进行画像建模工作，在画像建模开始之前需要先进行标签体系的构建。标签体系的构建既需要业务知识，也需要大数据知识，因此在构建标签体系时，最好有本领域的专家和大数据工程师共同参与。

在构建标签体系时，可以参考业界的标签体系，尤其是同行业的标签体系。用业界已有的成熟方案解决目标业务问题，不仅可以扩充思路，技术可行性也会比较高。

此外，需要明确的一点是，标签体系不是一成不变的，随着业务的发展，标签体系也会发生变化。如电商行业的用户标签，最初只需要消费偏好标签，GPS（全球定位系统）标签既难以刻画，也没有使用场景。随着智能手机的普及，GPS 数据变得易于获取，而且在线下营销中越来越注重场景化，所以 GPS 标签体系也有了构建的意义。

3. 画像构建

基于用户基础数据，根据构建好的标签体系，就可以进行画像构建。用户标签的刻画是一个长期的工作，不可能一步到位，需要不断扩充和优化。一次构建如果维度过多，可能会有目标不明确、需求相互冲突、构建效率低等问题，因此在构建过程中建议将项目进行分期，每一期只构建某一类标签。

画像构建中用到的技术有数据统计、机器学习和NLP（自然语言处理）技术等，如图7-29所示，具体的画像构建方法会在本章后面的部分详细介绍。

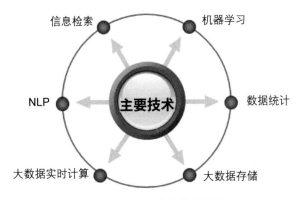

图7-29 用户画像的构建技术

目前主流的标签体系都是层次化的，如图 7-30 所示。首先标签分为几个大类，每个大类再逐层细分。在构建标签时，只需要构建最下层的标签，就能够映射到上面两级标签。上层标签都是抽象的标签集合，一般没有实际意义，只有统计意义。例如，可以统计有人口属性标签的用户比例，但人口属性标签本身对广告投放没有任何意义。

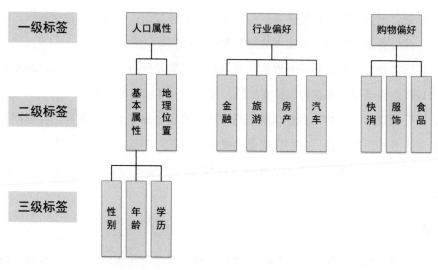

图7-30　互联网大数据领域常用标签体系

　　用于广告投放和精准营销的一般是底层标签，对于底层标签有两个要求：一个是每个标签只能表示一种含义，避免标签之间的重复和冲突，便于计算机处理；另一个是标签必须有一定的实际含义，方便相关人员理解每个标签的含义。此外，标签的粒度也需要注意，标签粒度太粗会没有区分度，粒度过细会导致标签体系太过复杂而不具有通用性。各个大类常见的底层标签如表7-8所示。

表7-8　常见底层标签内容

标签类别	标签内容
人口标签	性别、年龄、地域、教育水平、出生日期、职业
兴趣特征	兴趣爱好、使用App网站、浏览/收藏内容、互动内容、品牌偏好、产品偏好
社会特征	婚姻状况、家庭情况、社交/信息渠道偏好
消费特征	收入状况、购买力水平、已购商品、购买渠道偏好、最后购买时间、购买频次

　　最后介绍各类标签构建的优先级。标签构建的优先级需要综合考虑业务需求、构建难易程度等。业务需求各有不同，这里介绍的优先级排序方法主要依据构建的难易程度和各类标签的依存关系，如图 7-31 所示。

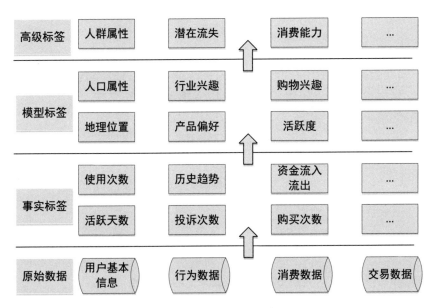

图7-31　各类标签的构建优先级

基于原始数据首先构建的是事实标签，事实标签可以从数据库直接获取（如注册信息），或通过简单的统计得到。这类标签构建难度低，实际含义明确，且部分标签可用作后续标签挖掘的输入特征，如产品购买次数可作为用户购物偏好的输入特征。事实标签的构造过程，也是对数据加深理解的过程。对数据进行统计的同时，不仅完成了数据的处理与加工，也对数据的分布有了一定的了解，为高级标签的构造做好了准备。

模型标签是标签体系的核心，也是用户画像过程中工作量最大的部分。模型标签的构造大多需要用到机器学习和 NLP 技术，下一节介绍的标签构造方法主要指的就是模型标签。

最后构造的是高级标签，高级标签是基于事实标签和模型标签进行统计建模得出的，它的构造多与实际的业务指标紧密联系。构建高级标签使用的模型，可以是简单的数据统计，也可以是复杂的机器学习模型。

7.5.3　构建用户画像

本节主要探讨基于行为日志挖掘用户标签的方法。我们把标签分为三类，这三类标签有较大的差异，构建时用到的技术差别也很大，如图 7-32 所示。第一类是人口属性，这类标签比较稳定，一旦建立很长一段时间基本不用更新，标签体系也比较固定；第二类是兴趣属性，这类标签随时间变化很快，标签有很强的时效性，标签体系也不固定；第三类是地理属性，这类标签的时效性跨度很大，如 GPS 轨迹标签需要做到实时更新，而常住地标签一般可以几个月不用更新，数据挖掘的方法和前面两类也大有不同。

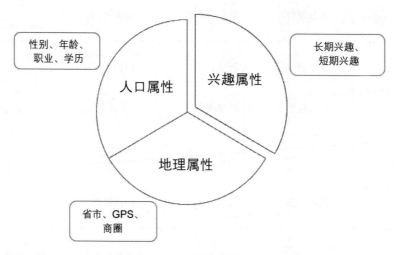

图7-32　用户画像的三类标签属性

1. 人口属性

人口属性包括年龄、性别、学历、收入水平、消费水平、所属行业等。这些标签基本是稳定的，构建一次可以很长一段时间不用更新，标签的有效期都在一个月以上。同时，标签体系的划分也比较固定。表 7-9 是 MMA 中国无线营销联盟对人口属性的划分。

表7-9　MMA中国无线营销联盟对人口属性的划分

	男
性别	女
	未知
	12 以下
年龄	12~17
	…
	3500 元以下
月收入	3500~5000 元
	…

婚姻状态	未婚
	已婚
	离异
	未知
从事行业	广告/营销/公关
	航天
	…
教育程度	初中及以下
	高中
	…

很多产品（如 QQ、Facebook 等）会引导用户填写基本信息，这些信息就包括年龄、性别、收入等大多数人口属性，但完整填写个人信息的用户只占很少一部分。对于无社交属性的产品（如输入法、团购 App、视频网站等），用户信息的填写率非常低，有的甚至不足 5%。在这种情况下，我们一般会用填写了信息的这部分用户作为样本，把用户的行为数据作为特征训练模型，对无标签的用户进行人口属性预测。这种模型把用户的标签传给和他行为相似的用户，可以认为是对人群进行了标签扩散，因此常被称为标签扩散模型。下面用视频网站性别年龄画像的示例说明标签扩散模型是如何构建的。

一个视频网站希望了解自己的用户组成，于是对用户的性别进行画像。通过数据统计，有大约 30% 的用户注册时填写了个人信息，我们将这 30% 的用户作为训练集，来构建全量用户的性别画像。视频网站用户的数据如表 7-10 所示。

表7-10　视频网站用户数据

用户ID	性别	观看视频
525252	Male	Game of Thrones
532626		Running Man、最强大脑
526267		琅琊榜、伪装者
573373	Female	欢乐喜剧人

下面构建特征。通过分析发现男性和女性对影片的偏好是有差别的，因此根据用户观看的影片列表预测用户性别有一定的可行性。此外，还可以考虑用户的观看时间、使用的浏览器、观看

时长等。为了简化模型，这里只使用用户观看的影片特征。

由于观看影片特征是稀疏特征，因此可以调用机器学习库 MLlib，使用 LR、线性 SVM 等模型进行训练。考虑到注册用户填写的用户信息本身的准确率不高，可以从 30% 的样本集中提取准确率较高的部分（如用户信息填写较完备的）用于训练，因此整体的训练流程如图 7-33 所示。对于预测性别这样的二分类模型，如果行为的区分度较好，一般准确率可以达到 70% 左右。

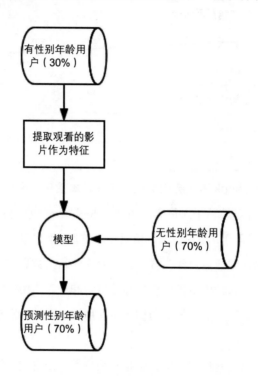

图7-33　训练流程

对于人口属性标签，只要有一定的样本标签数据，并找到能够区分标签分类的用户行为特征，就可以构建标签扩散模型。其中使用的技术方法主要是机器学习中的分类技术，常用的模型有 LR、FM、SVM、GBDT 等。

2. 兴趣属性

兴趣画像是互联网领域使用最广泛的画像，互联网广告、个性化推荐、精准营销等各个领域最核心的标签都是兴趣标签。兴趣画像主要是从用户海量行为日志中进行核心信息的抽取、标签化和统计，因此在构建用户兴趣画像之前需要先对用户有行为的内容进行建模。

内容建模需要注意粒度，过细的粒度会导致标签没有泛化能力和使用价值，过粗的粒度会导致标签没有区分度。例如，用户在购物网站上单击查看了一双 "Nike Air Max 跑步鞋"，如果用单个商品作为粒度，画像的粒度就过细，我们只知道用户对 "Nike Air Max 跑步鞋"有兴趣，在进行商品推荐时也只能给用户推荐这双鞋；而如果用大品类作为粒度，如"运动户外"，则无法发现用户的核心需求是买鞋，就会给用户推荐所有运动用品，如乒乓球拍、篮球等，这样的推荐准确性差，用户的单击率就会很低。

为了保证兴趣画像既有一定的准确度又有较好的泛化性，我们会构建层次化的兴趣标签体系，即实际使用中，会同时用几个粒度的标签进行匹配推荐，既保证了标签的准确性，又保证了标签的泛化性。下面用新闻的用户兴趣画像举例，介绍如何构建层次化的兴趣标签。新闻兴趣画像的处理比购物兴趣画像要困难，主要原因是购物标签体系基本固定而新闻则不然。某电商页面使用的三级类目体系如图 7-34 所示。

图7-34　某电商页面使用的三级类目体系

新闻数据本身是非结构化的，首先需要人工构建一个层次标签体系。根据如图 7-35 所示的新闻，考虑哪些内容可以表示用户的兴趣。

英超-桑切斯98分钟点球绝杀 阿森纳2-1升至第二

2017-01-23 00:12:12 来源：网易体育　　　　　　　　　　　　　　举报

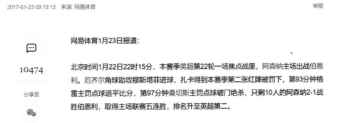

网易体育1月23日报道：

北京时间1月22日22时15分，本赛季英超第22轮一场焦点战里，阿森纳主场出战伯恩利。厄齐尔角球助攻穆斯塔菲进球，扎卡得到本赛季第二张红牌被罚下，第93分钟格雷主罚点球追平比分，第97分钟桑切斯主罚点球破门绝杀，只剩10人的阿森纳2-1战胜伯恩利，取得主场联赛五连胜，排名升至英超第二。

图7-35　新闻示例

首先，这是一篇体育新闻，"体育"这个新闻分类可以表示用户兴趣，但是这个标签太宽泛了，用户可能只对足球感兴趣，"体育"这个标签就显得不够准确。

其次，可以使用新闻中的关键词，尤其是里面的专有名词（人名、机构名），如"桑切斯""阿森纳"，这些词也表示了用户的兴趣。但这样的关键词粒度太细，如果一天的新闻里没有这些关键词出现，就无法给用户推荐内容。

最后，我们希望有一个中等粒度的标签，既有一定的准确度，又有一定的泛化能力。于是我们尝试对关键词进行聚类，把一类关键词当成一个标签，或者把一个分类下的新闻进行拆分，生成像"足球"这种粒度介于关键词和分类之间的主题标签。我们可以使用文本主题聚类完成主题标签的构建。

至此就完成了对新闻内容从粗到细的"分类 - 主题 - 关键词"三层标签体系内容建模，新闻内容的三层标签体系如表 7-11 所示。

表7-11　新闻内容的三层标签体系

标签层级	分类	主题	关键词
使用算法	文本分类、SVM、LR、Bayes	PLSA、LDA	Tf*idf、专门识别、领域词表
粒度	粗	中	细
泛化性	好	中	差
举例	体育、财经、娱乐	足球、理财	梅西、川普、机器学习
量级	10-30	100-1000	百万

既然主题的准确率和覆盖率都不错，那只使用主题不就可以了吗？为什么还要构建分类和关键词这两层标签呢？这么做是为了给用户进行尽可能精确和全面的内容推荐。当用户搜索的关键词命中新闻时，显然能够给用户更准确的推荐，这时就不需要再使用主题标签；而对于比较小众的主题（如体育类的冰上运动主题），若当天没有相关新闻覆盖，就可以根据分类标签进行推荐。层次标签兼顾了对用户兴趣刻画的覆盖率和准确性。

3. 地理属性

地理位置画像一般分为两类：常驻地画像和 GPS 画像。这两类画像的差别很大，常驻地画像比较容易构造，且标签比较稳定；GPS 画像需要实时更新。

常驻地包括国家、省份、城市三级，一般只细化到城市粒度。常驻地的挖掘基于用户的 IP 地址信息，对用户的 IP 地址进行解析，对应到相应的城市，就可以得到常驻城市标签。用户的常驻城市标签不仅可以用来统计各个地域的用户分布，还可以根据用户在各个城市之间的出行轨迹识别出差人群、旅游人群等。

GPS 数据一般从手机端收集，但很多手机 App 没有获取用户 GPS 信息的权限。能够获取用户 GPS 信息的主要是百度地图、滴滴打车等出行导航类 App，此外收集到的用户 GPS 数据比较稀疏。使用 DBSCAN 算法对 GPS 数据进行聚类，这是挖掘 GPS 数据的常用方法。百度地图使用该方法结合时间段数据，构建了用户公司和家的 GPS 标签。此外，百度地图还可以基于 GPS

信息统计各条路上的车流量，进行路况分析。

7.5.4　用户画像评估和使用

人口属性画像的相关指标很清晰，比较容易评估，而兴趣画像的标签比较模糊，人为评估比较困难。对兴趣画像的常用评估方法是设计小流量的 A/B-test 进行验证，可以筛选一部分标签用户，给这部分用户进行和标签相关的推送，看标签用户对相关内容是否有更好的反馈。例如，在新闻推荐中给用户构建了兴趣画像，从体育类兴趣用户中选取一小批用户，给他们推送体育类新闻，如果这批用户的单击率和阅读时长明显高于平均水平，就说明标签是有效的。

用户画像效果最直接的评估方法就是看其对实际业务的提升，如互联网广告投放中画像效果主要看使用画像以后单击率和收入的提升；精准营销过程中主要看使用画像后销量的提升等。但是，如果把一个没有经过效果评估的模型直接用到线上，风险是很大的，因此需要在上线前用可计算的评估指标衡量用户画像质量。用户画像的评估指标主要有准确率、覆盖率、时效性和其他指标等。

1. 准确率

标签的准确率是指被打上正确标签的用户比例。准确率是用户画像最核心的指标，准确率非常低的标签是没有应用价值的。

准确率的评估一般有两种方法：一种是在标注数据集里留一部分测试数据，用于计算模型的准确率；另一种是在全量用户中抽一批用户，进行人工标注，评估准确率。由于初始的标注数据集的分布和全量用户分布可能有一定偏差，因此后一种方法的数据更可信。准确率一般是对每个标签分别评估，多个标签放在一起评估准确率是没有意义的。

2. 覆盖率

标签的覆盖率指的是被打上标签的用户占全量用户的比例，我们希望标签的覆盖率尽可能高。覆盖率和准确率是一对矛盾的指标，需要对二者进行权衡，一般的做法是在准确率符合一定标准的情况下，尽可能提升覆盖率。

我们希望覆盖尽可能多的用户，同时给每个用户打上尽可能多的标签，因此标签整体的覆盖率一般拆解为两个指标来评估。一个是标签覆盖的用户比例，另一个是覆盖用户的人均标签数，前一个指标表示覆盖的广度，后一个指标表示覆盖的密度。覆盖率既可以对单一标签计算，也可以对某一类标签计算，还可以对全量标签计算，这些都是有统计意义的。

3. 时效性

有些标签的时效性很强，如兴趣标签、出行轨迹标签等，一周之前的标签很可能就没有意义了；有些标签基本没有时效性，如性别、年龄等，可以有一年到几年的有效期。对于不同的标签，需要建立合理的更新机制，以保证标签时间上的有效性。

4. 其他指标

标签还需要有一定的可解释性，便于理解；同时需要便于维护且有一定的可扩展性，方便后续标签的添加。这些指标难以给出量化的标准，但在构架用户画像时需要注意。

用户画像在构建和评估之后就可以在业务中应用，一般需要一个可视化平台对标签进行查看和检索。画像的可视化一般使用饼图、柱状图等对标签的覆盖人数、覆盖比例等指标进行展示。

此外，对于构建的画像，还可以使用不同维度的标签进行高级组合分析，产出高质量的分析报告。用户画像在智能营销、计算广告、个性化推荐等领域都可以得到应用。

7.6　本章小结

本章以科大讯飞大数据平台为例，介绍了大数据的典型应用场景。针对政务大数据、交通大数据、金融大数据、画像大数据等案例进行了详细介绍，对特定应用场景中的数据来源、处理流程、算法模型和结果分析等完整过程进行了分析，为读者进行其他相关领域的大数据应用奠定了基础。

7.7　习题

1. 简述行业大数据的发展与应用情况。

2. 简述政务大数据的应用。

3. 结合交通大数据分析聚类算法在人群生活模式划分中的应用。

4. 简述金融大数据的应用。

5. 什么是用户画像？请描述用户画像的基本构建过程。

第 8 章

CHAPTER 8

大数据平台与实验环境

　　上机实验是帮助理解大数据技术、将理论知识转化为实践能力的重要方式。目前很多企业都发布了大数据采集、存储、处理、数据挖掘和机器学习的相关平台，其中应用最为广泛的是开源的 Hadoop 大数据处理平台。Hadoop 支持多种组件，能够实现数据的分布式存储和计算，是进行海量数据分析的理想平台。考虑到很多用户不熟悉虚拟机和 Linux 系统环境，Hadoop 分布式计算环境也涉及大量的配置工作，因此，本章详细介绍了大数据平台及实验环境的部署过程，方便读者快速进行大数据基本操作的实验验证，为进一步进行大数据行业应用数据分析奠定基础。

8.1 大数据平台与环境概述

8.1.1 大数据平台简介

本节主要对 Hadoop 大数据处理平台进行介绍。Hadoop 是 Apache 开发的一个开源的分布式计算基础框架，该框架利用 Google Lab 开发的 MapReduce 并行计算模型和分布式文件管理系统为用户提供了一个简单的程序开发和实现模式。Hadoop 分布式计算框架包含许多模块，其中比较常用的模块有 Hadoop Common、Hadoop DFS、Hadoop YARN、Hadoop MapReduce 等，这些模块的基本功能如下。

（1）Hadoop Common：Hadoop 生态圈的基础模块，主要为其他模块提供通用的方法和接口。

（2）Hadoop DFS：Hadoop 的一个分布式文件管理系统，运行于计算机集群上，实现数据的分布式存储功能。

（3）Hadoop YARN：一个实现任务调度及资源管理的框架。

（4）Hadoop MapReduce：一种基于 YARN 的大规模数据集的并行处理模式，运行于计算机集群上。

本节主要对 Hadoop 的分布式文件管理系统的基础知识与原理进行叙述，并简单总结 MapReduce 的基本流程。

1. 分布式文件管理系统

数据的存储是大规模数据分析与处理面临的挑战之一，由于单个计算机的存储空间有限，当数据文件的大小大于计算机的存储空间时，数据将无法存储。因此，如何对大规模数据进行存储是进行大规模数据分析时首先要解决的问题。Hadoop 在处理数据存储问题时设计了一个分布式文件管理系统，该系统运行在由多台计算机组成的集群上，将一个大规模的数据文件存储在集群中的多个计算机上，对数据进行分布式存储。分布式文件管理系统是 Hadoop 的一个重要组成部分。与磁盘具有"块"的概念类似，分布式文件管理系统也具有"块"的概念，但是"块"的存储单元比较大（默认是 128MB）。分布式文件管理系统中的文件可以比任何一个单机的存储空间都大，一个文件可以作为独立的单元存储在两台或多台计算机上。

分布式文件管理系统运行在计算机集群上，常见的主从式集群包含 Master 与 Slave 两种类型的节点。第一种类型的节点称为 Name Node，在集群中扮演主导者的角色；第二种类型的节点称为 Data Node，在集群中扮演服从者的角色，通常情况下，Data Node 的个数比较多，而 Name Node 一般只有一个。Name Node 负责管理分布式文件管理系统的整个空间，不仅指派

Data Node 进行数据块的存储和检索，同时还定期获取来自 Data Node 的关于块列表的报告；而 Data Node 的主要功能是对数据进行存储，并按照 Name Node 的要求承担相应的数据分析任务。图 8-1 详细展示了一个文件在分布式文件管理系统上的存储模式，首先 Name Node 将文件按照块的大小进行一定的分割，形成多个数据块；然后 Data Node 按照 Name Node 的要求对数据块分别进行存储；最终一个大的数据文件被分散存储在多个计算机的磁盘空间上。

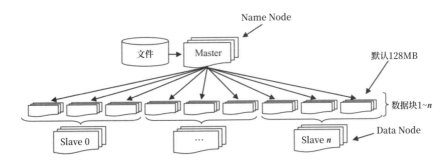

图8-1　分布式文件管理系统上的文件存储模式

2. Hadoop MapReduce

对于一个分布式框架来说，解决了大规模数据的存储问题后，下一步需要解决的问题就是如何对数据进行并行处理与分析。MapReduce 是一个有效的并行处理模型，该模型已经在许多分布式平台得到了应用，并且取得了不错的效果。

Hadoop MapReduce 提供了一个大规模数据集的并行处理程序框架。该程序框架需要用户根据自己的实际需求进行计算机程序实现，可以采用的计算机语言有 C/C++、Java、Python 和 Ruby 等。另外，MapReduce 程序是运行在计算机集群的每个节点上的，将大规模数据分析的任务分解成多个单一并且独立并行的计算任务，可以大大减少程序的整体运行时间，提高大规模数据分析的效率。一般情况下，MapReduce 进行数据处理时主要包括两个处理阶段：Map 阶段和 Reduce 阶段。Map 阶段并行地发生在多个计算机上，在该阶段存在一个被称为 map 的函数，该函数主要用于处理输入数据并产生一些中间输出；这些中间输出在 Reduce 阶段通过一个 reduce 函数进行聚合，该函数按照用户的实际需求输出最终结果。

如图 8-2 所示，Map 阶段和 Reduce 阶段都用不同的 <key,value> 对作为相应函数的输入和输出。在 Map 阶段，Map 函数将每一个 <key,value> 对（如图中的 <key₁,value₁>）作为输入，并且输出了一个中间结果的集合（如图中的 list<key₂,value₂>）。然后，将这些中间集合中的 <key,value> 对在 Map 函数和 Reduce 函数之间按照 key 进行分组聚合（如图中的 <key₂, list(value₂)>），最后在 Reduce 阶段的 Reduce 函数中，根据用户关于算法的具体实现需求，对按照 key 聚合的数据进行处理，得到一个新的输出，该输出也是一个 <key,value> 对（如图中的

$<key_3, value_3>$ ）。

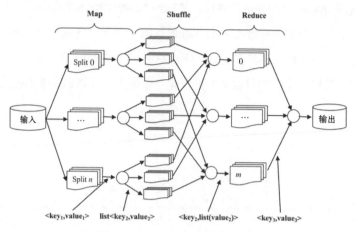

图8-2　MapReduce的处理步骤

8.1.2　搭建环境简介

本书使用一台参数为处理器：Intel(R) Core(TM) i7-8550U CPU @ 1.80GHz 1.99 GHz；已安装的内存（RAM）：8.00 GB （7.90 GB 可用）系统类型：64 位操作系统，基于 x64 的处理器的机器，以最终使用 Java 语言进行大数据开发为例，逐步介绍如何进行 Hadoop 实验环境的搭建。实验环境搭建主要涉及如下几个关键步骤。

（1）安装虚拟机。

（2）安装 Linux 操作系统。

（3）安装 Java 运行环境。

（4）安装 Hadoop 软件。

（5）安装 IDE 开发环境。

（6）新建、运行与调试 Hadoop 工程。

8.2　安装虚拟机

本节以安装虚拟机 VMware 为例进行介绍。VMware Workstation 11 序列号为 1F04Z-6D111-7Z029-AV0Q4-3AEH8，可安装到指定位置，具体步骤如下。

（1）下载 VMware 软件，找到 VMware 安装程序，单击 .exe 安装程序进行安装，如图 8-3 所示。

（2）弹出安装向导，单击"下一步"按钮，如图 8-4 所示。

图8-3　安装VMware（一）

（3）选中"我接受许可协议中的条款"单选按钮，单击"下一步"按钮，如图 8-5 所示。

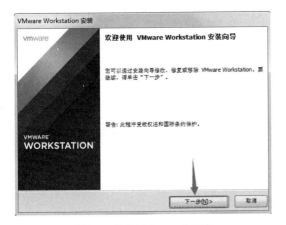

图8-4　安装VMware（二）

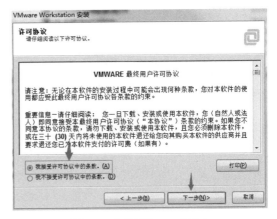

图8-5　安装VMware（三）

（4）选择"典型"安装，如图 8-6 所示。

（5）更改安装目录到指定位置，单击"更改"按钮，如图 8-7 所示，在 D 盘下新建文件夹 Hadoop，在 Hadoop 文件夹下新建 VMware 文件夹，单击"确定"按钮。

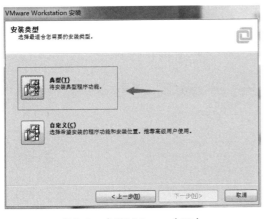

图8-6　安装VMware（四）

图8-7　安装VMware（五）

（6）单击"下一步"按钮，将 VMware 安装到指定目录，如图 8-8 所示。

（7）单击"下一步"按钮，如图 8-9 所示。

（8）单击"下一步"按钮，如图 8-10 所示。

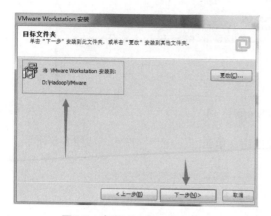

图8-8　安装VMware（六）

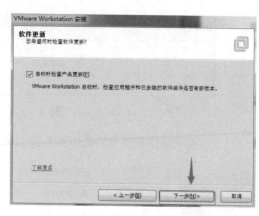

图8-9　安装VMware（七）

（9）单击"下一步"按钮，如图 8-11 所示。

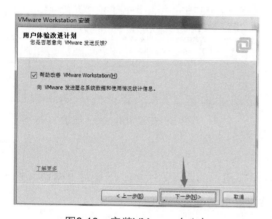

图8-10　安装VMware（八）

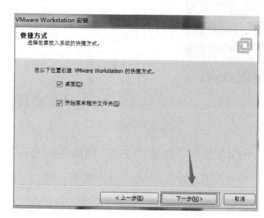

图8-11　安装VMware（九）

（10）单击"继续"按钮，如图 8-12 所示。

（11）输入许可证密钥（即序列号），单击"输入"按钮，如图 8-13 所示。

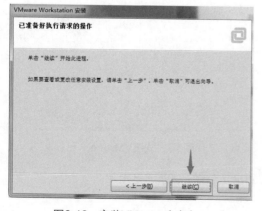

图8-12　安装VMware（十）

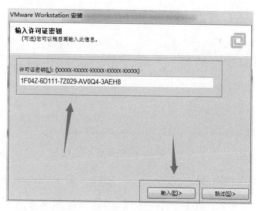

图8-13　安装VMware（十一）

（12）单击"完成按钮"，VMware 安装完成，如图 8-14 所示。

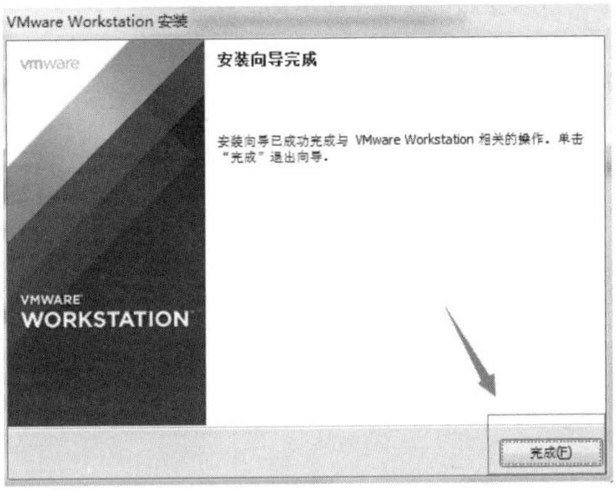

图8-14　安装VMware（十二）

8.3 在虚拟机中安装Linux系统

本节将利用 VMware 创建一个虚拟机，并为该虚拟机安装 Linux 系统：ubuntu-14.04.1-desktop-amd64，系统名称为 Ubuntu，可设置访问密码为 111。具体操作步骤如下。

（1）安装好 VMware 之后，在计算机桌面找到如图 8-15 所示图标。

（2）双击该图标，弹出虚拟机运行环境，单击"创建新的虚拟机"按钮，如图 8-16 所示。

图8-15　VMware图标

（3）选择"典型"，单击"下一步"按钮，如图 8-17 所示。

图8-16　弹出虚拟机运行环境

图8-17　创建"典型"配置虚拟机

（4）单击"浏览"按钮，在弹出的"浏览 ISO 映像"对话框中找到安装程序映像文件，如图 8-18 所示。例如，本机映像文件存放在 Hadoop 安装教程目录下，找到如图 8-19 所示文件，选择并打开。

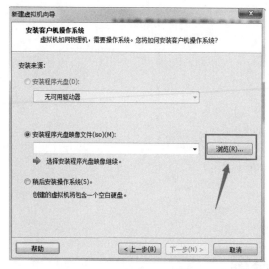

图8-18　浏览安装程序映像文件

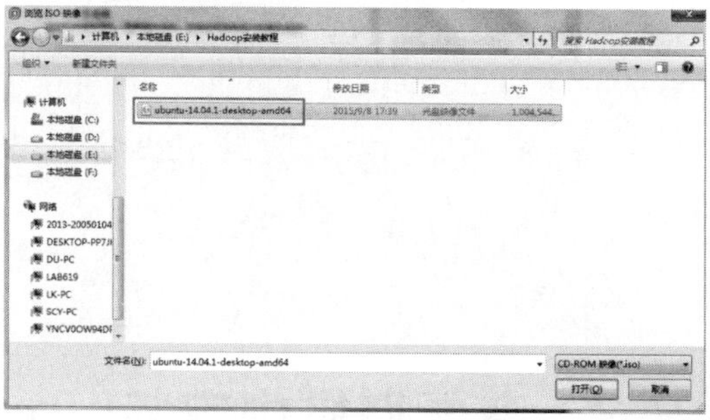

图8-19　选择映像文件

（5）单击"下一步"按钮，如图 8-20 所示。

（6）此处密码为 Hadoop 的登录密码，设置为 111，单击"下一步"按钮如图 8-21 所示。

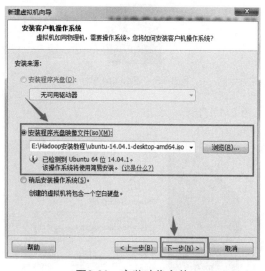

图8-20　安装映像文件

图8-21　设置密码

（7）单击"浏览"按钮，将虚拟机安装到指定位置，如图 8-22 所示。

（8）单击"下一步"按钮，如图 8-23 所示。

图8-22　更改虚拟机安装位置

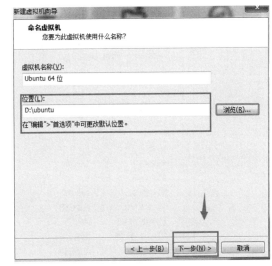

图8-23　确定虚拟机安装位置

（9）设定好所需磁盘大小，单击"下一步"按钮，如图 8-24 所示。

（10）单击"完成"按钮，至此，虚拟机安装完毕，如图 8-25 所示。

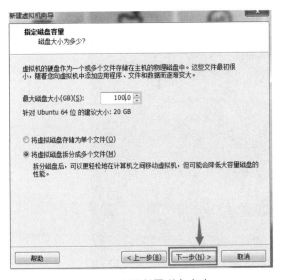

图8-24　设置所需磁盘大小

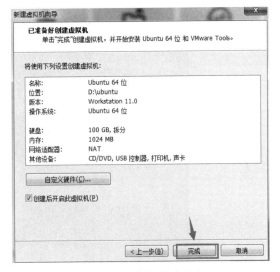

图8-25　虚拟机创建完成

8.4　为Ubuntu系统配置Java开发环境

本节介绍如何在 VMware 创建的 Linux 系统虚拟机中配置 Java 开发环境，具体如下。

（1）双击开启虚拟机，进入 Linux 系统，如图 8-26 所示。

图8-26　配置Java开发环境（一）

注意：Linux 系统用户名为 hadoop，密码是 111（前面系统安装时设置的密码），如图 8-27 所示。

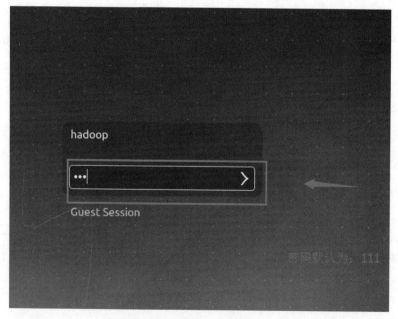

图8-27　配置Java开发环境（二）

（2）选择"查看"→"自动调整大小"→"自动适应客户机"命令，调整窗口大小，如图 8-28 所示。

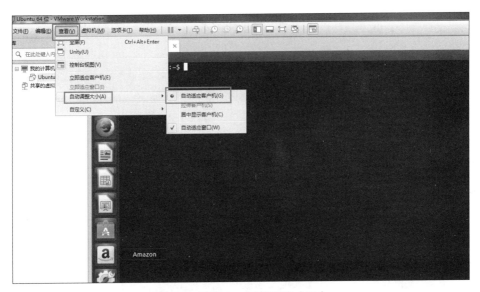

图8-28　配置Java开发环境（三）

（3）选择"虚拟机"→"设置"命令，如图 8-29 所示。

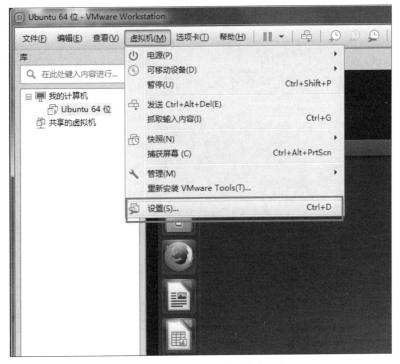

图8-29　配置Java开发环境（四）

（4）在弹出的"虚拟机设置"对话框中，可以根据不同的需要调节内存大小，设置完成后单击"确定"按钮，完成设置，如图 8-30 所示。

图8-30　配置Java开发环境（五）

（5）在左侧图标中找到"搜索"图标，在搜索栏中输入 terminal，如图 8-31 所示。

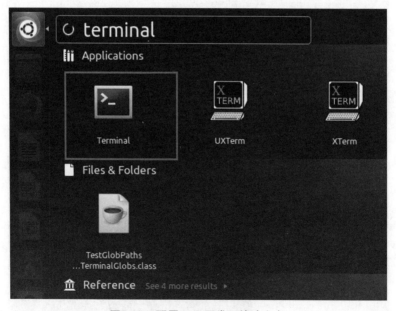

图8-31　配置Java开发环境（六）

（6）在左侧图标中找到 terminal，右击，在弹出的快捷菜单中选择 Lock to Launcher 命令，将 terminal 锁定到任务栏，如图 8-32 所示。

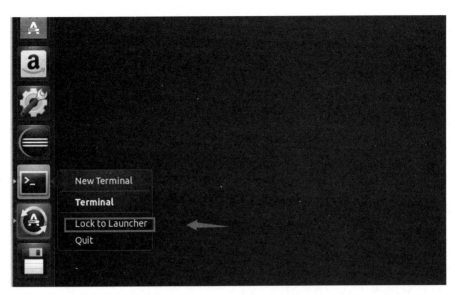

图8-32　配置Java开发环境（七）

（7）在 usr 目录下新建文件夹，用于存放 JDK 安装包，如 java 目录，如图 8-33 所示，步骤如下。

第 1 步，在 usr 目录下创建 java 子文件夹，命令如下。

```
sudo mkdir /usr/java
```

第 2 步，根据提示输入密码（在输入 password 时，系统不显示内容，直接按 Enter 键即可）。

第 3 步，进入 usr 目录，命令如下。

```
cd /usr
```

第 4 步，显示当前路径下文件，如存在即表示创建成功，命令如下。

```
ls
```

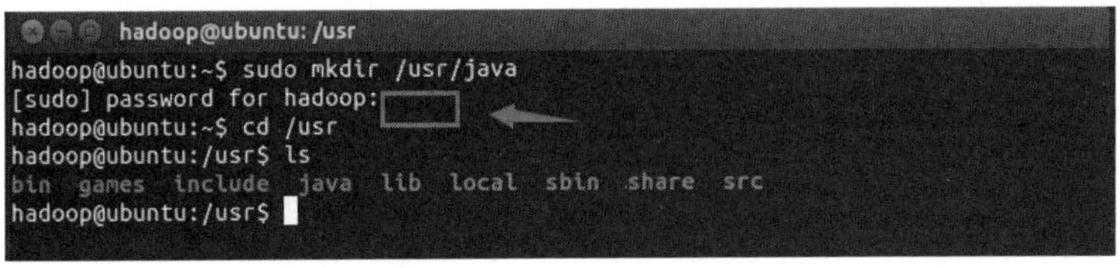

```
hadoop@ubuntu: /usr
hadoop@ubuntu:~$ sudo mkdir /usr/java
[sudo] password for hadoop:
hadoop@ubuntu:~$ cd /usr
hadoop@ubuntu:/usr$ ls
bin  games  include  java  lib  local  sbin  share  src
hadoop@ubuntu:/usr$
```

图8-33　配置Java开发环境（八）

（8）将 JDK 安装包放到指定目录下，如 java 文件夹中，如图 8-34 所示，步骤如下。

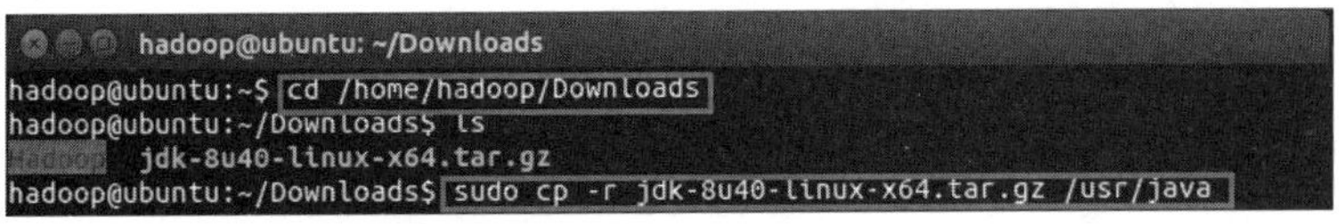

```
hadoop@ubuntu: ~/Downloads
hadoop@ubuntu:~$ cd /home/hadoop/Downloads
hadoop@ubuntu:~/Downloads$ ls
hadoop    jdk-8u40-linux-x64.tar.gz
hadoop@ubuntu:~/Downloads$ sudo cp -r jdk-8u40-linux-x64.tar.gz /usr/java
```

图8-34　配置Java开发环境（九）

第 1 步，下载 jdk-8u40-linux-x64.tar.qz 到 Downloads 目录下。

第 2 步，进入目录，查看文件，命令如下。

```
cd /home/hadoop/Downloads
```

第 3 步，将文件复制到指定目录，命令如下。

```
sudo cp -r jdk-8u40-linux-x64.tar.gz /usr/java
```

（9）解压压缩文件，步骤如下。

第 1 步，进入 /usr/java 目录，命令如下。

```
cd /usr/java
```

第 2 步，解压文件，如图 8-35 所示，命令如下。

```
sudo tar zxvf jdk-8u40-linux-x64.tar.gz
```

图8-35　配置Java开发环境（十）

（10）查看是否解压成功，如图 8-36 所示，命令如下。

```
ls
```

图8-36　配置Java开发环境（十一）

（11）配置环境变量，步骤如下。

第 1 步，如图 8-37 所示，在命令窗口输入如下命令。

```
sudo gedit /etc/profile
```

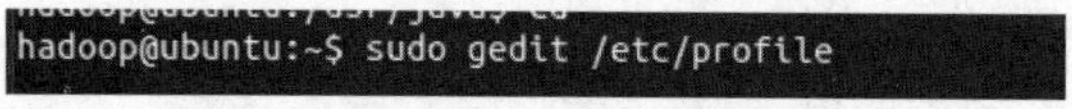

图8-37　配置Java开发环境（十二）

第 2 步，在弹出的文件中添加如下命令，完成之后，单击 Save（保存）按钮，如图 8-38 所示。

```
export JAVA_HOME = /usr/java/jdk1.8.0_40
export JRE_HOME=${JAVA_HOME/jre
export CLASSPATH=.:${JAVA_HOME/lib:${JRE_HOME}/lib
export PATH=${JAVA_HOME\}/bin:$PATH
```

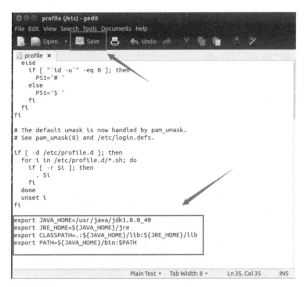

图8-38　配置Java开发环境（十三）

（12）重新启动 terminal 使配置生效，如图 8-39 所示，命令如下。

```
source /etc/profile
```

图8-39　配置Java开发环境（十四）

（13）查看安装的 JDK 版本，如图 8-40 所示，命令如下。

```
java -version
```

```
hadoop@ubuntu:~$ java -version
java version "1.8.0_40"
Java(TM) SE Runtime Environment (build 1.8.0_40-b26)
Java HotSpot(TM) 64-Bit Server VM (build 25.40-b25, mixed mode)
hadoop@ubuntu:~$
```

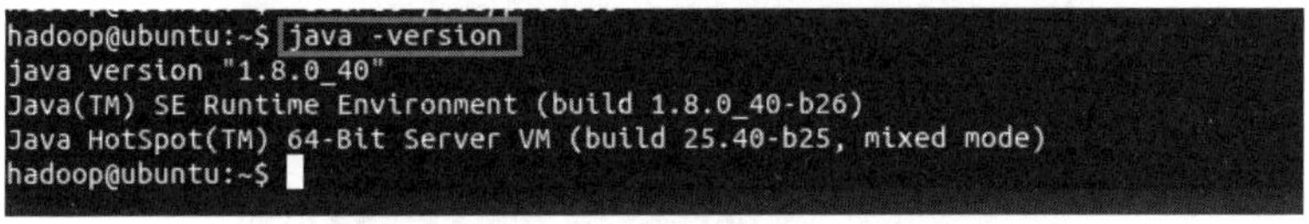

图8-40　配置Java开发环境（十五）

至此，Java 开发环境安装完成。

8.5　在Ubuntu系统中安装Hadoop

本节介绍如何查询、修改主机名称，并介绍如何在 Ubuntu 系统中安装 Hadoop。

安装 Hadoop 之前，要先在原有的 VMware 上安装三台虚拟机，具体方法参照之前的安装教程。注意，三台虚拟机的用户名必须一致。

8.5.1　查询和更改主机名

1. 查询主机名：启动虚拟机，打开终端，在三台虚拟机上分别查询主机名，如图 8-41 所示，命令如下。

```
hostname
```

图8-41　查询主机名

2. 更改主机名：使用命令 sudo gedit /etc/hostname 进入配置文件，如图 8-42 所示，修改三台虚拟机名分别为 master、slave1、slave2。

图8-42　更改主机名

3. 查看是否更改成功：更改完成后重启虚拟机，并查看主机名是否更改成功，如图 8-43 所示。

图8-43　重启虚拟机并查看主机名是否更改成功

8.5.2 更改host 文件

1. 查看各主机 IP：打开终端，分别查看并记录各主机 IP 地址，如图 8-44 所示，命令如下。

```
ifconfig
```

图8-44 查看各主机IP

注：本节以如上三台虚拟机为例进行集群搭建，其对应 IP 如表 8-1 所示。

表8-1 各主机IP信息

主机名	IP
master	192.168.48.128
slave1	192.168.48.131
slave2	192.168.48.130

2. 更改 host 文件：分别在三台虚拟机上更改 host 文件，执行命令 sudo gedit /etc/hosts 进入文件，删除原有 Ubuntu 的 IP，按如图 8-45 所示进行更改，保存后退出（注：此操作要在 master、slave1、slave2 三台虚拟机上分别进行）。

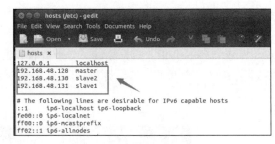

图8-45　更改host文件

8.5.3　认证SSH实现无密码登录

无密码登录是指在 master 上，通过命令 ssh slave1 或 ssh slave2 就可以登录到对应计算机，不用输入密码。

1. 设置SSH的存放路径

在三台虚拟机上分别输入命令 ssh-keygen-t rsa，并一直按 Enter 键。注意，该命令主要是设置 SSH 的密钥和密钥的存放路径，其路径为 ~/.ssh，如图 8-46 所示。

图8-46　设置SSH密钥和密钥的存放路径

2. 进入文件夹

第 1 步，进入文件夹，命令如下。

```
cd ~/.ssh
```

第 2 步，使用 ls 命令查看 ~/.ssh 下的三个文件：authorized_keys，已认证的 keys；id_rsa，私钥；id_rsa.pub，公钥，如图 8-47 所示。

图8-47　查看文件

3. 认证SSH

接下来进行 SSH 认证。该操作在 master 虚拟机上进行，路径为 ~/.ssh 文件下，步骤具体如下。

第 1 步，进入路径，命令如下。

```
cd ~/.ssh
```

第 2 步，在 master 上将公钥放到 authorized_keys 里，如图 8-48 所示，命令如下。

```
sudo cat id_rsa.pub >>authorized_keys
```

图8-48　将公钥放入authorized_keys

第 3 步，将 master 上的 authorized_keys 放到其他虚拟机的 ~/.ssh 下，如图 8-49 所示，步骤如下。

图8-49　将authorized_keys放到其他虚拟机

放到 slave1 上，命令如下。

```
sudo scp authorized_keys hadoop@192.168.48.131:~/.ssh
```

放到 slave2 上，命令如下。

```
sudo scp authorized_keys hadoop@192.168.48.130:~/.ssh
```

命令说明：sudo scp authorized_keys 为远程主机用户名；@ 远程主机名或 ip 为存放路径。

第 4 步，修改 authorized_keys 权限，如图 8-50 所示，命令如下。

```
chmod 644 authorized_keys
```

图8-50　修改authorized_keys权限

第 5 步，测试设置是否成功。例如，ssh slave1 输入用户名密码，然后退出，尝试使用 ssh slave1 命令直接进入系统，如果能够进入，就表示设置成功，如图 8-51 所示。

```
hadoop@master:~/.ssh$ ssh slave1
Welcome to Ubuntu 14.04.1 LTS (GNU/Linux 3.13.0-32-generic x86_64)

 * Documentation:  https://help.ubuntu.com/

612 packages can be updated.
0 updates are security updates.

Last login: Wed Oct  5 00:05:29 2016 from master
hadoop@slave1:~$
```

图8-51　测试设置是否成功

注：若未能成功，则检查三台虚拟机用户名是否一致。

8.5.4　复制Hadoop 2.6.0到指定目录并解压

1. 进入指定目录

进入 Downloads 目录，如图 8-52 所示，命令如下。

```
cd /home/hadoop/Downloads
```

```
hadoop@ubuntu:~$ cd /home/hadoop/Downloads
hadoop@ubuntu:~/Downloads$ ls
hadoop    hadoop-2.6.0.tar.gz   jdk-8u40-linux-x64.tar.gz
hadoop@ubuntu:~/Downloads$ sudo cp hadoop-2.6.0.tar.gz /usr
```

图8-52　进入指定目录

2. 复制文件

将存放在 Downloads 文件夹的 hadoop-2.6.0.tar.gz 压缩文件复制到 /usr 目录，如图 8-53 所示，命令如下。

```
sudo cp hadoop-2.6.0.tar.gz /usr
```

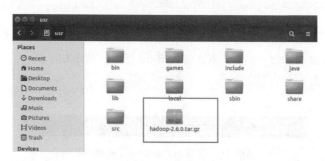

图8-53　复制文件

3. 解压文件

第 1 步，进入目录，命令如下。

```
cd /usr
```

第 2 步，解压文件，如图 8-54 所示，命令如下。

```
sudo tar zxvf hadoop-2.6.0.tar.gz
```

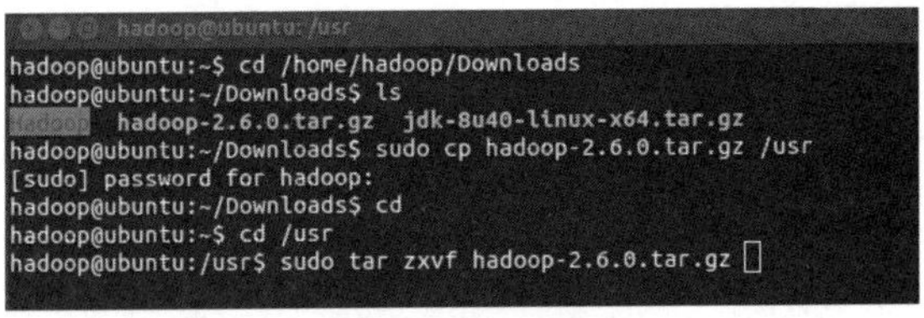

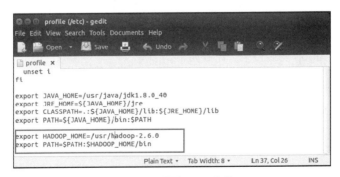

图8-54　解压文件

第 3 步，查看文件是否解压成功，如图 8-55 所示，命令如下。

```
ls
```

图8-55　查看文件是否解压成功

8.5.5　配置文件

1. 配置profile文件

第 1 步，打开文件，命令如下。

```
sudo gedit /etc/profile
```

第 2 步，在文件最后添加如下内容，如图 8-56 所示。

```
export HADOOP_HOME=/usr/hadoop-2.6.0
export PATH=$PATH:$HADOOP_HOME/bin
```

图8-56　配置profile文件

第 3 步，重新启动 terminal，使配置生效，命令如下。

```
source /etc/profile
```

2. 配置hadoop-env.sh文件

第 1 步，进入 hadoop 安装目录，命令如下。

```
cd /usr/hadoop-2.6.0/etc/Hadoop
```

第 2 步，打开 hadoop-env.sh 配置文件，命令如下。

```
sudo gedit hadoop-env.sh
```

第 3 步，在配置文件中追加如下内容，如图 8-57 所示。

```
export JAVA_HOME=$JAVA_HOME
export JAVA_HOME=/usr/java/jdk1.8.0_40
```

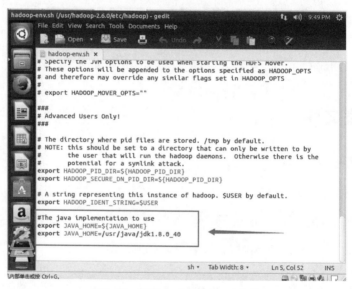

图8-57　配置hadoop-env.sh文件

3. 配置core-site.xml文件

第 1 步，进入 hadoop 安装目录，命令如下。

```
cd /usr/hadoop-2.6.0/etc/hadoop
```

第 2 步，打开配置文件，命令如下。

```
sudo gedit core-site.xml
```

第 3 步，在文件中添加如下内容（注意 IP 地址是 master 的地址），如图 8-58 所示。

```
<configuration>
```

```
<property>
<name>hadoop.tmp.dir</name>
<value>/usr/hadoop-2.6.0/tmp</value>
</property>
<property>
<name>fs.defaultFS</name>
<value>hdfs://192.168.48.128:9000</value>
</property>
</configuration>
```

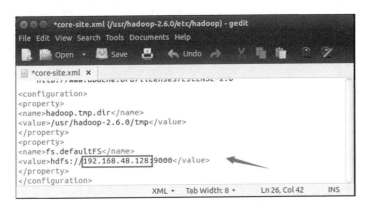

图8-58   配置core-site.xml文件

4. 配置hdfs-site.xml文件

第 1 步,进入 hadoop 安装目录,命令如下。

```
cd /usr/hadoop-2.6.0/etc/hadoop
```

第 2 步,打开配置文件,命令如下。

```
sudo gedit hdfs-site.xml
```

第 3 步,在文件中添加如下内容(注意 IP 地址是 master 的地址),如图 8-58 所示。

```
<configuration>
<property>
<name>dfs.replication</name>
<value>1</value>
</property>
<property>
<name>dfs.namenode.name.dir</name>
<value>file:/usr/hadoop-2.6.0/dfs/name</value>
</property>
<property>
<name>dfs.datanode.data.dir</name>
<value>file:/usr/hadoop-2.6.0/dfs/data</value>
</property>
<property>
<name>dfs.permissions</name>
```

```
<value>false</value>
</property>
<property>
<name>dfs.blocksize</name>
<value>268435456</value>
</property>
<property>
<name>dfs.namenode.secondary.http-address</name>
<value>192.168.48.128:9001</value>
</property>
<property>
<name>dfs.webhdfs.enabled</name>
<value>true</value>
</property>
</configuration>
```

图8-59　配置hdfs-site.xml文件

5. 配置mapred-site.xml文件

第1步，进入 hadoop 安装目录，命令如下。

```
cd /usr/hadoop-2.6.0/etc/hadoop
```

第2步，打开配置文件，命令如下。

```
sudo gedit mapred-site.xml
```

第 3 步，在文件中添加如下内容（注意 IP 地址是 master 的地址），如图 8-60 所示。

```
<configuration>
<property>
<name>mapreduce.framework.name</name>
<value>yarn</value>
</property>
<property>
<name>mapred.job.tracker</name>
<value>http://192.168.48.128:9001</value>
</property>
<property>
<name>mapreduce.jobhistory.address</name>
<value>192.168.48.128:10020</value>
</property>
<property>
<name>mapreduce.jobhistory.webapp.address</name>
<value>192.168.48.128:19888</value>
</property>
<property>
<name>mapred.task.timeout</name>
<value>0</value>
</property>
<property>
<name>mapred.child.java.opts</name>
<value>-Xmx400m</value>
</property>
</configuration>
```

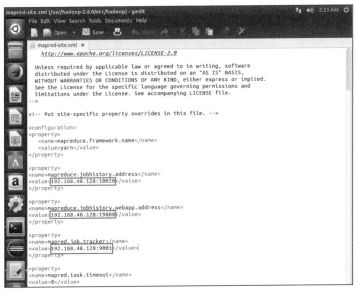

图8-60　配置mapred-site.xml文件

6. 配置yarn-site.xml文件

第 1 步，进入 hadoop 安装目录，命令如下。

```
cd /usr/hadoop-2.6.0/etc/hadoop
```

第 2 步，打开配置文件，命令如下。

```
sudo gedit yarn-site.xml
```

第 3 步，在文件中添加如下内容（注意 IP 地址是 master 的地址），如图 8-61 所示。

```
<configuration>
<!-- Site specific YARN configuration properties -->
<property>
<name>mapreduce.framework.name</name>
<value>yarn</value>
</property>
<property>
<name>yarn.nodemanager.aux-services</name>
<value>mapreduce_shuffle</value>
</property>
<property>
<name>yarn.nodemanager.aux-services.mapreduce.shuffle.class</name>
<value>org.apache.hadoop.mapred.ShuffleHandler</value>
</property>
<property>
<name>yarn.resourcemanager.address</name>
<value>192.168.48.128:8032</value>
</property>
<property>
<name>yarn.resourcemanager.scheduler.address</name>
<value>192.168.48.128:8030</value>
</property>
<property>
<name>yarn.resourcemanager.resource-tracker.address</name>
<value>192.168.48.128:8035</value>
</property>
<property>
<name>yarn.resourcemanager.admin.address</name>
<value>192.168.48.128:8033</value>
</property>
<property>
<name>yarn.resourcemanager.webapp.address</name>
<value>192.168.48.128:8088</value>
</property>
</configuration>
```

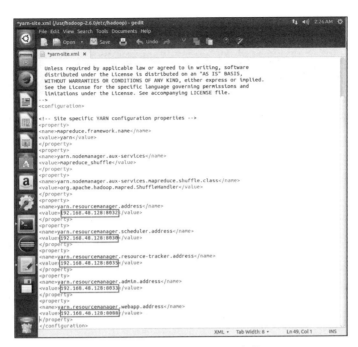

图8-61　配置yarn-site.xml文件

7. 配置 masters 文件

第 1 步，执行如下命令，打开配置文件。

```
sudo gedit masters
```

第 2 步，删除原有的 localhost，改为 master 的 IP，如图 8-62 所示；或者删除原有的 localhost，改为主机名（master）。为保险起见，建议使用第二种方法，因为万一忘记进行 "/etc/hosts" 局域网的 DNS 配置，就会出现意想不到的错误；但是如果 IP 地址设置正确，网络畅通，就能通过 IP 找到相应主机。

图8-62　配置masters文件

8. 配置 slaves 文件

第 1 步，执行如下命令，打开配置文件。

```
sudo gedit slaves
```

第 2 步：删除原有的 localhost，改为两台 slave 机的 IP，每行一个，如图 8-63 所示；或者删除原有的 localhost，改为 slave 的主机名（slave1、slave2），每行一个。建议使用第二种方法。

图8-63　配置slaves文件

9. 配置另两台虚拟机

配置完一台虚拟机后，需要对另外两台虚拟机进行同样的配置。第一种方法是直接在 slave1 和 slave2 上进行配置；第二种方法是将 master 机上配置好的 hadoop 文件所在的文件夹复制到 slave1 和 slave2 的 /usr 目录下（实际上 slave 机上的 slavers 文件是不必要的，复制了也没问题）。其中，第二种方法具体操作如下（本例 hadoop 文件存放在 /usr/hadoop-2.6.0）。

第 1 步，将文件复制到另两台虚拟机，执行如下命令（命令都要在 master 上执行）。

```
scp -r /usr/hadoop-2.6.0 hadoop@服务器IP:/usr/
```

例如，将文件复制到 slave1 上，执行如下命令，如图 8-64 所示。

```
scp -r /usr/hadoop-2.6.0 hadoop@192.168.48.131:/usr/
```

```
hadoop@master: ~
hadoop@master:~$ scp -r /usr/hadoop-2.6.0 hadoop@192.168.48.131:/usr/
hadoop-hadoop-namenode-master.out                  100%   718      0.7KB/s      00:00
yarn-hadoop-resourcemanager-master.out             100%   702      0.7KB/s      00:00
hadoop-hadoop-secondarynamenode-master.log         100%   22KB    21.8KB/s      00:00
SecurityAuth-hadoop.audit                          100%     0      0.0KB/s      00:00
hadoop-hadoop-secondarynamenode-master.out         100%   718      0.7KB/s      00:00
hadoop-hadoop-namenode-master.log                  100%   58KB    58.4KB/s      00:00
yarn-hadoop-resourcemanager-master.log             100%   33KB    32.6KB/s      00:00
```

图8-64　将文件复制到slave1上

将文件复制到 slave2 上，执行如下命令，如图 8-65 所示。

```
scp -r /usr/hadoop-2.6.0 hadoop@192.168.48.130:/usr/
```

```
hadoop@master:~$ scp -r /usr/hadoop-2.6.0 hadoop@192.168.48.130:/usr/
hadoop-hadoop-namenode-master.out                  100%   718      0.7KB/s      00:00
yarn-hadoop-resourcemanager-master.out             100%   702      0.7KB/s      00:00
hadoop-hadoop-secondarynamenode-master.log         100%   22KB    21.8KB/s      00:00
SecurityAuth-hadoop.audit                          100%     0      0.0KB/s      00:00
hadoop-hadoop-secondarynamenode-master.out         100%   718      0.7KB/s      00:00
hadoop-hadoop-namenode-master.log                  100%   58KB    58.4KB/s      00:00
yarn-hadoop-resourcemanager-master.log             100%   33KB    32.6KB/s      00:00
```

图8-65　将文件复制到slave2上

第 2 步，文件复制完成后，在 slave 机上进入 usr 文件夹，执行命令 cd /usr，并查看是否复制完成，命令如下，如图 8-66 所示。

```
ls
```

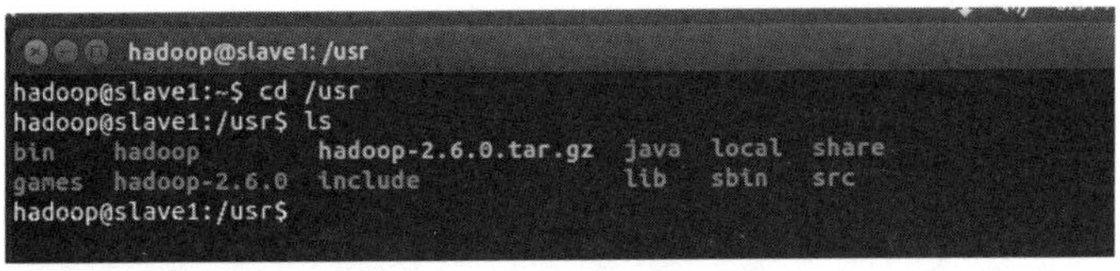

图8-66　查看文件是否复制完成

第3步，需修改 slave 机的 hadoop-2.6.0 权限，在每个 slave 机上操作。首先进入 usr 文件夹，然后进行权限修改。命令如下，如图 8-67 所示。

```
cd /usr
sudo chown -R hadoop:Hadoop hadoop-2.6.0
```

图8-67　修改slave主机的hadoop-2.6.0权限

8.5.7　启动、验证和关闭Hadoop

1. 格式化HDFS文件系统

首次启动前，需对 HDFS 文件系统进行格式化，如图 8-68 所示，命令如下。

```
bin/hadoop namenode -format
```

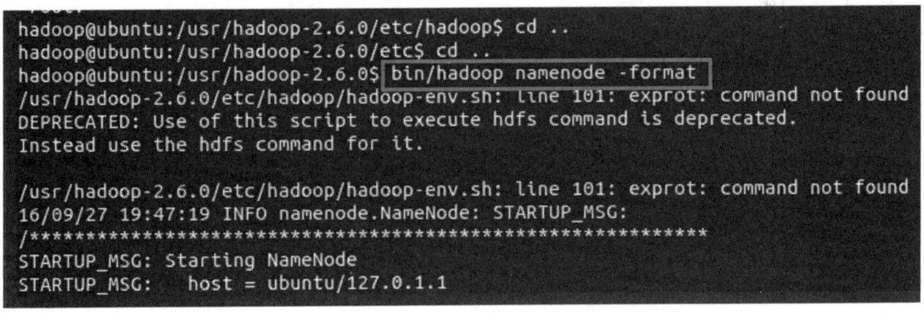

图8-68　格式化HDFS文件系统

此命令在 master 机上操作，无须在 slave 上操作，而且只需执行一次，下次启动时不需要再次格式化。通过以下命令直接启动 Hadoop。

```
sbin/start-all.sh
```

2. 启动Hadoop

切换到 /usr/hadoop-2.6.0 目录，执行 sbin/start-all.sh 命令，启动所有程序，如图 8-69 所示。

若之前已启动过并未停止，则在重新启动时需先执行停止命令 sbin/stop-all.sh ，然后重新启动。

```
cd /usr/hadoop-2.6.0
sbin/start-all.sh
```

```
hadoop@master: /usr/hadoop-2.6.0
hadoop@master:~$ cd /usr/hadoop-2.6.0/
hadoop@master:/usr/hadoop-2.6.0$ sbin/start-all.sh
This script is Deprecated. Instead use start-dfs.sh and start-yarn.sh
Starting namenodes on [master]
master: starting namenode, logging to /usr/hadoop-2.6.0/logs/hadoop-hadoop-namen
ode-master.out
slave1: starting datanode, logging to /usr/hadoop-2.6.0/logs/hadoop-hadoop-datanode-slave1.
out
slave2: starting datanode, logging to /usr/hadoop-2.6.0/logs/hadoop-hadoop-datanode-slave2.
out
Starting secondary namenodes [master]
master: starting secondarynamenode, logging to /usr/hadoop-2.6.0/logs/hadoop-hadoop-seconda
rynamenode-master.out
starting yarn daemons
starting resourcemanager, logging to /usr/hadoop-2.6.0/logs/yarn-hadoop-resourcemanager-mas
ter.out
slave1: starting nodemanager, logging to /usr/hadoop-2.6.0/logs/yarn-hadoop-nodemanager-sla
ve1.out
slave2: starting nodemanager, logging to /usr/hadoop-2.6.0/logs/yarn-hadoop-nodemanager-sla
ve2.out
hadoop@master:/usr/hadoop-2.6.0$
```

图8-69　启动Hadoop

在启动前需先关闭集群中所有计算机的防火墙，否则会出现 datanode 开启后又自动关闭的情况（虚拟机上暂不用，但在实体机连接时需要使用命令 service iptables stop 关闭防火墙）。

3. 验证Hadoop

验证方法一：用 Java 自带的查看进程命令 jps 分别查看集群中各机器的状态。

```
jps
```

master 机的状态如图 8-70 所示。

```
hadoop@master:/usr/hadoop-2.6.0$ jps
4424 NameNode
5050 Jps
4778 ResourceManager
4635 SecondaryNameNode
hadoop@master:/usr/hadoop-2.6.0$
```

图8-70　启动Hadoop后master的状态

slave 机的状态如图 8-71 所示。

图8-71　启动Hadoop后slave机的状态

验证方法二：查看 Hadoop 集群的状态，命令如下，master 机的状态如图 8-72 所示。

```
hadoop dfsadmin -report
```

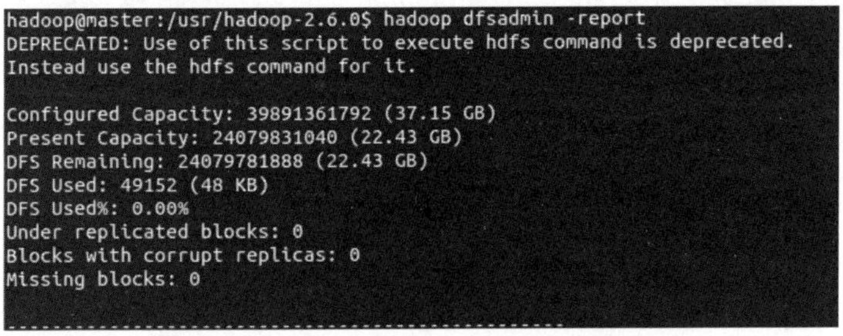

图8-72　启动Hadoop后master机的状态

slave 机的状态如图 8-73 所示。

图8-73　启动Hadoop后slave机的状态

4. 通过网页查看集群信息

在浏览器中输入地址"http:192.168.48.128:50070"，即可查看集群信息，如图 8-74 所示。

5. 关闭Hadoop

切换到 /usr/hadoop-2.6.0 目录，执行 sbin/stop-all.sh 命令，关闭 Hadoop。

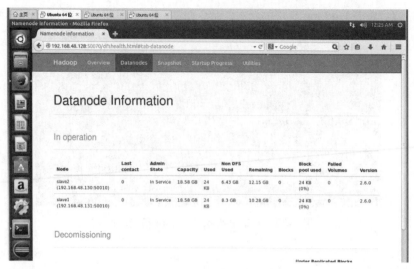

图8-74 通过网页查看集群信息

8.6 安装Eclipse和Eclipse-hadoop-plugin

本节介绍如何安装程序开发工具 Eclipse，以及如何配置 Eclipse-hadoop-plugin。

8.6.1 安装Eclipse

（1）下载 Eclipse，找到 eclipse 压缩包的存放路径。

（2）选中 Eclipse 压缩包并右击，解压文件，Eclipse 免安装，只需解压即可。

8.6.2 配置Eclipse-hadoop-plugin

（1）将下载好的 hadoop-eclipse-plugin-2.2.0.jar 复制到 eclipse 目录的 plugins 文件夹。

（2）重启 Eclipse，并配置 Hadoop 安装目录，步骤如下。

第 1 步，Eclipse 的 window → preference → hadoop Map/Reduce，如图 8-75 所示。

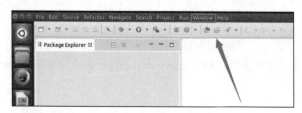

图8-75 安装Eclipse-hadoop-plugin（一）

第 2 步，单击 Browse 按钮添加 Hadoop 安装地址 /usr/hadoop-2.6.0，单击 OK 按钮，如图 8-76 所示。

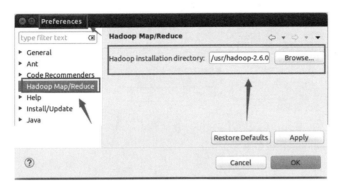

图8-76　添加Hadoop安装地址

（3）配置 Map/Reduce 视图。

第 1 步，Eclipse 的 window preferencehadoop Map/Reduce 单击 OK 按钮，如图 8-77 所示。

第 2 步，WindowsShow ViewOtherMap/Reduce ToolsMap/Reduce Locations 单击 OK 按钮，如图 8-78 所示。

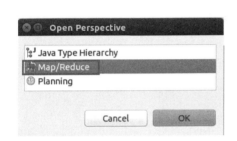

图8-77　安装Eclipse-hadoop-plugin（三）

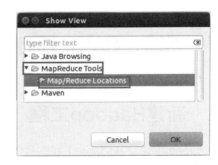

图8-78　安装Eclipse-hadoop-plugin（四）

第 3 步，控制台会多出一个 Map/Reduce Locations 的标签页，如图 8-79 所示。

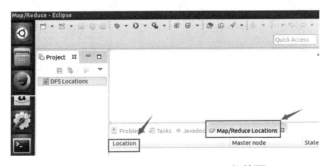

图8-79　Map/Reduce Locations标签页

第 4 步，在 Location 上右击，在弹出的快捷菜单中选择 New Hadoop location 命令，弹出

New hadoop location 对话框，配置如图 8-80 所示内容。

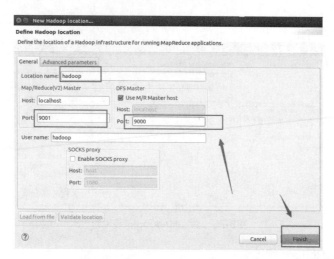

图8-80　配置Eclipse-hadoop-plugin

至此，Eclipse-hadoop-plugin 配置完毕。

8.7　新建、导入、运行与调试Hadoop工程

8.7.1　新建Hadoop工程

在 Eclipse 中建立 Hadoop 工程的具体操作步骤如下。

（1）打开 Eclipse，选择 File → New → Project 命令，如图 8-81 所示。

图8-81　新建Hadoop工程（一）

（2）弹出 New Project 对话框，在 Wizards 列表框中选择 Map/Reduce Project，单击 Next 按钮，如图 8-82 所示。

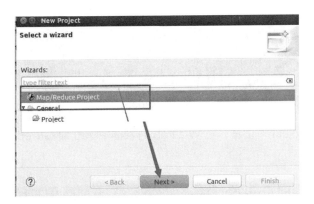

图8-82　新建Hadoop工程（二）

（3）输入工程名，单击 Finish 按钮，如图 8-83 所示。

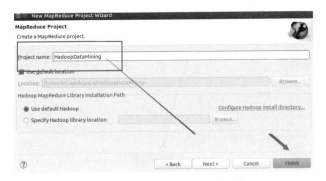

图8-83　新建Hadoop工程（三）

（4）这样，就完成了 Hadoop 工程的建立，如图 8-84 所示。

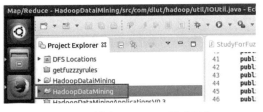

图8-84　新建Hadoop工程（四）

8.7.2　导入已有的Hadoop工程

如果想运行别人的工程，需要将工程导入 Eclipse 中，具体操作步骤如下。

（1）选择 File → New → Project 命令，如图 8-85 所示。

图8-85　导入已有Hadoop工程（一）

（2）弹出 New Project 对话框，在 Wizards 列表框中单击 Map/Reduce Project，单击 Next 按钮，如图 8-86 所示。

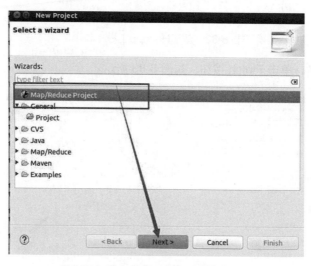

图8-86　导入已有Hadoop工程（二）

（3）取消选中 Use default location 复选框，单击 Browse 按钮，如图 8-87 所示。

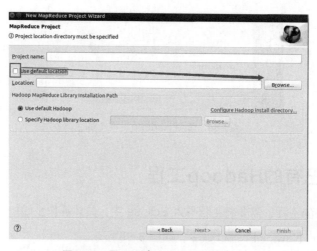

图8-87　导入已有Hadoop工程（三）

（4）找到所需导入工程所在路径，如所需导入的 Java 工程是 Downloads 下的某个工程，则单击 Downloads 按钮，再单击该工程，最后单击 OK 按钮即可，如图 8-88 所示。

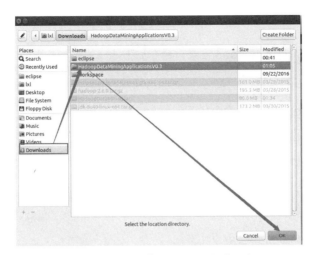

图8-88　导入已有Hadoop工程（四）

（5）为工程命名，单击 Finish 按钮，如图 8-89 所示。

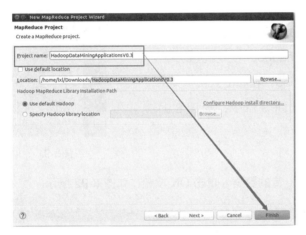

图8-89　导入已有Hadoop工程（五）

（6）这样即可将相应的工程导入，如图8-90
所示。

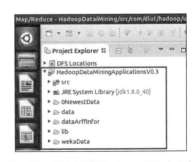

图8-90　导入已有Hadoop工程（六）

8.7.3　运行Hadoop工程

当一个 Hadoop 程序编辑好之后，想要在集群上运行，则应采取如下步骤。

1. 启动Hadoop

第 1 步，打开终端，进入 hadoop 目录，命令如下。

```
cd /usr/hadoop-2.6.0
```

第 2 步，启动 Hadoop 集群，命令如下。

```
sbin/start-all.sh
```

或

```
sbin/start-dfs.sh
sbin/start-yarn.sh
```

第 3 步，检查是否启动成功，命令如下。

```
jps
```

2. 数据上传

Hadoop 启动成功后，将所需要的数据上传
到 DFS Locations 下的 hadoop 中，步骤如下。

第 1 步，右击 hadoop，在弹出的快捷菜单
中选择 Download from DFS 命令，如图 8-91
所示。

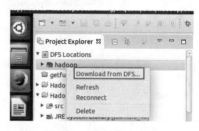

图8-91　执行相应命令

第 2 步，选择所要上传的数据，单击 OK 按钮，如图 8-92 所示。

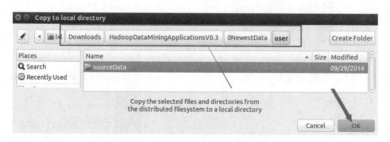

图8-92　选择要上传的数据

第 3 步，此时 hadoop 下的 user 文件夹下会出现所需数据，如图 8-93 所示。

3. 工程导出为jar包

选中工程，右击，在弹出的快捷菜单中选择 Export 命令，如图 8-94 所示。弹出 Export 对话框，
选择 Java → JAR file，将工程导出为 jar 包，单击 Next 按钮，如图 8-95 所示。

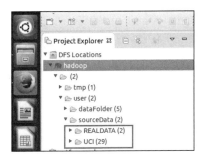

图8-93　数据上传完成

图8-94　执行Export命令

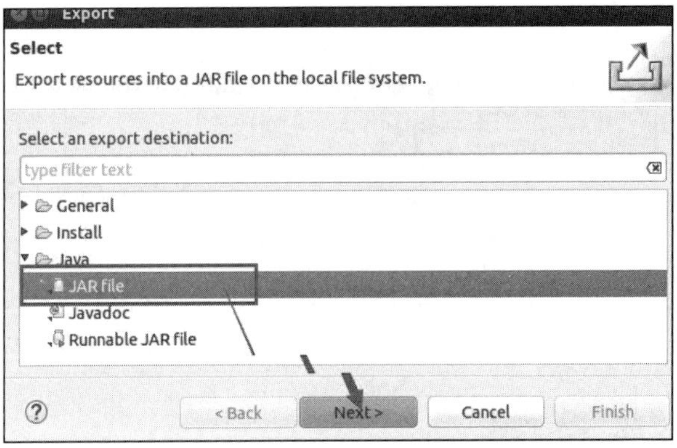

图8-95　将工程导出为jar包

4. 设置jar包输出路径

第 1 步，单击 Browse 按钮，如图 8-96 所示。

图8-96　浏览jar包

第 2 步，将 jar 包导出到 Downloads 下的 workspace 文件夹，如图 8-97 所示，如果没有 workspace 文件夹，可以新建一个。将 jar 包命名为 HadoopDataMining.jar。注意，导出路径 / home/lxl/Downloads/workspace/HadoopDataMining.jar 在后面运行程序时会用到。

单击 Finish 按钮，如图 8-98 所示。

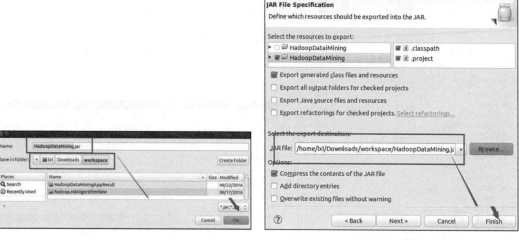

图8-97 导出jar包 　　　　　　　　　　　　　　　图8-98 导出完成

5. 运行主程序

确认要运行的主函数所在的包名和类名。例如，要运行的程序的包名是 com.experiment. classifier.MRfuzzyRules，所要运行的类是 StudyForFuzzyRules，如图 8-99 所示。

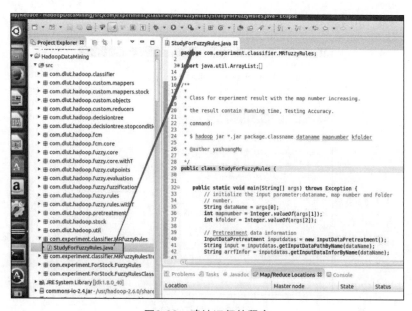

图8-99 确认运行的程序

6. 在终端运行程序

第 1 步，进入目录，使用如下命令，其中 lxl 是 Hadoop 用户名。

```
cd /home/lxl
```

第 2 步，执行命令，具体命令及说明如图 8-100 所示。

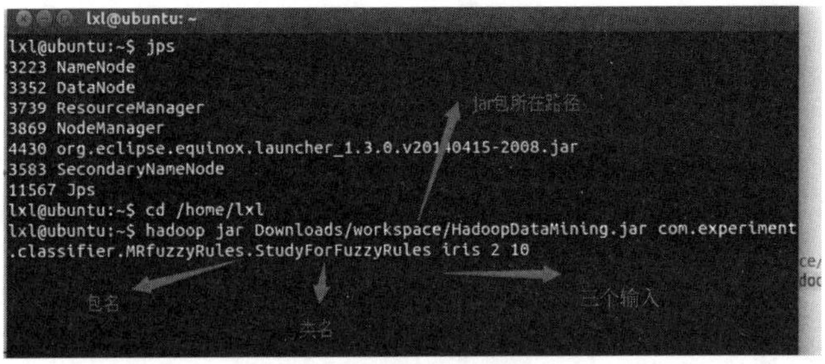

图8-100　运行程序

至此，就完成了 Hadoop 工程的运行。

8.7.4　调试Hadoop工程

Hadoop 工程的调试步骤如下。

（1）在浏览器中输入 http://ubuntu:8088，其中 ubuntu 是主机名，如图 8-101 所示。

图8-101　在浏览器输入地址

（2）单击 Tools 按钮，如图 8-102 所示。

图8-102　打开Tools

（3）单击 Local logs 按钮，如图 8-103 所示。

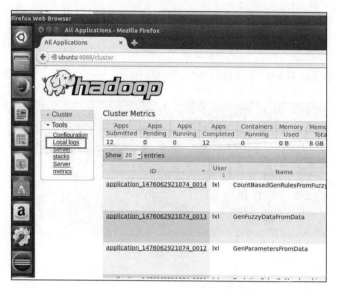

图8-103　单击Local logs按钮

（4）单击 userlogs 按钮，如图 8-104 所示。

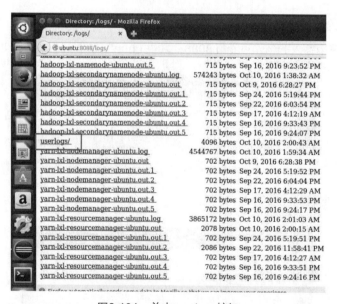

图8-104　单击userlogs按钮

（5）最后一行即为刚刚运行程序的结果，如图 8-105 所示。

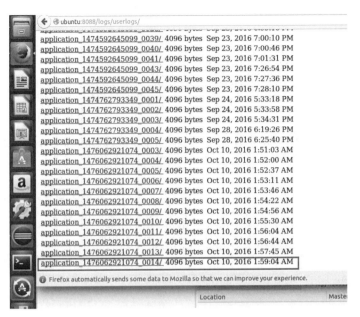

图8-105　程序运行结果

（6）打开后，前 i 个是 map 函数的输出结果（其中 i 是设置的 map 函数的个数），后面是 reduce 函数的输出结果，如图 8-106 所示。

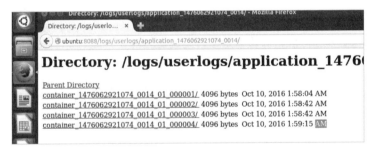

图8-106　函数输出

（7）打开任意一个结果，其中 stderr 是错误的输出，stdout 是正常的输出，如图 8-107 所示。

图8-107　查看输出详情

8.8 本章小结

本章介绍了大数据平台 Hadoop 及相关开发环境的部署过程，重点介绍了虚拟机 VMware 的下载与安装，并通过虚拟机安装了 Ubuntu 操作系统，实现了三台虚拟机进行 Hadoop 分布式环境部署，同时对 Eclipse 开发工具及 Hadoop 工程的基本操作也进行了介绍。本章通过图文结合的方式详细介绍了实验环境安装与配置步骤，为读者验证大数据分布式存储原理、进行 NoSQL 数据库管理、MapReduce 并行处理操作及大数据机器学习等提供了基本的实验环境。

8.9 习题

1. 简述 MapReduce 的处理过程。

2. 梳理本章用到的 Linux 操作命令有哪些? 查阅资料说明其用法。

3. 简述 Linux 操作系统、Java 运行环境、Hadoop 软件、IDE 开发工具在大数据平台中各自扮演的角色。

4. 安装 Hadoop 开发环境，并检验是否搭建成功。

5. 尝试新建一个 Hadoop 工程，熟悉 Hadoop 工程的运行和调试过程。

第9章

CHAPTER 9

大数据治理

当前大数据在很多行业取得了较为成功的应用，大数据价值得到了广泛认可。但是，大数据在迅猛发展的同时，也带来了伦理、隐私保护和数据安全等方面的问题，因此企业在开发大数据工具和平台、发展大数据相关技术的基础上，也逐渐向大数据安全管理等方向延展。对大数据进行系统治理并最大化利用数据价值成为政府、企业和学术界都非常关心的问题。本章主要讨论大数据法律、行业标准和大数据伦理建设的意义与作用，为大数据的行业发展和应用推广提供支撑。

9.1 大数据治理体系

随着大数据技术在各领域应用的不断深入，数据作为新兴的重要生产要素，其价值越来越高。发展大数据技术、运用大数据推动经济发展、完善社会治理、提升政府服务和监管能力正成为趋势，数据确权、数据质量、数据安全、数据流通等问题受到业内关注，如何做好大数据治理工作成为大数据产业生态系统中一个新的热点。

桑尼尔·索雷斯是最早提出大数据安全与治理概念的专家之一，他对大数据做了较为权威的定义，认为大数据治理应该包括以下 6 个方面的内容：①大数据应该纳入现有的信息治理框架；②大数据治理的工作就是制定策略；③大数据必须被优化；④大数据的隐私保护很重要；⑤大数据必须创造商业价值；⑥大数据治理必须协调好多个职能部门的目标和利益。

目前业内对大数据治理的概念一般有狭义和广义之分，狭义的大数据治理是指对数据进行治理的技术与活动，是组织内部对数据处置与应用的规范化过程；而广义的大数据治理是企业、政府、社会、市场等多参与主体，通过技术、制度、人员、法律等多种方式，实现提升数据质量与应用价值、促进数据资源整合与流通共享、保障数据安全等目标的一整套行为体系。

数据治理的对象是重要的数据资源，这些由企业拥有或控制、关乎企业重大商业利益的数据资源称为数据资产。数据治理是对数据资产所有相关方利益的协调与规范，并用于评估、指导和监督其他相关数据管理职能的执行。大数据治理体系建设涉及国家、行业和组织三个层次，包含数据的资产地位确立、管理体制机制、共享与开放、安全与隐私保护等多方面的内容，需要从制度法规、标准规范、应用实践和支撑技术等多角度构建多元共治的数据治理体系，其基本框架如图9-1所示。

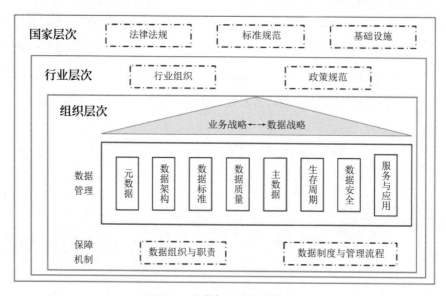

图9-1 大数据治理体系框架

在国家层次，主要是通过政策法规支持大数据治理建设。一是需要从法律法规层面明确数据资产地位，奠定数据确权、流通、交易和保护的基础，为大数据治理提供安全可靠的政策环境；二是需要通过国家标准规范数据管理机制，构建业内协调统一的数据治理标准体系，保障数据产业的健康有序发展；三是需要通过政府主导进行基础设施建设，推动业内数据流通，促进政务数据和行业数据的融合应用，实现数据价值挖掘。

在行业层次，重点是要在国家相关法律法规和标准体系建设的基础上，充分考虑本行业中企业的共同利益与长效发展，建立规范行业数据管理的组织机构和数据管控制度，制定行业内数据共享与开放的规则和技术规范，逐步形成面向行业业务需求的数据治理体系。

在组织层次，需要建立数据组织，明确管理职责，制定数据管理制度和管理流程，提升企业对数据全生存周期的管理能力，提升企业数据资产的变现能力，保障企业业务战略和数据战略的实现。

接下来就结合大数据治理体系的这三个层次，详细说明大数据治理的法律政策、行业标准、治理内容和伦理风险。

9.2 大数据法律政策

随着大数据在国民经济等领域的应用不断深入，大数据在带来巨大经济效益的同时，也带来了影响国家安全、侵犯个人隐私、造成数据垄断和不正当竞争等问题。当前，我国大数据治理体系尚未完善，大数据治理角度的国家政策法规较为滞后，个人隐私、数据安全与共享利用之间的矛盾比较突出，这严重阻碍了数据资产的价值挖掘与转化。近年来大数据治理问题越来越受社会关注，比较典型的事件包括蚂蚁金服涉嫌数据垄断、滴滴出行违规收集使用个人信息、特斯拉数据跨境存储和流通等。因此，要完善大数据治理体系、推动大数据产业的创新发展，必须针对大数据获取、分享、使用、交易等过程加强法律法规建设，构建安全、公平、自由、有序的市场竞争环境。

围绕大数据治理这一主题及其相关问题，世界各国及社会各界已经意识到构建大数据治理体系的重要意义，纷纷从国家层面推出促进数据共享开放、保障数据安全和保护公民隐私的相关政策和法规。国外在大数据安全、个人信息保护等方面的立法主要集中在美国、欧盟等发达国家和地区，相关政策及法规实施情况在本书前文已经进行了介绍，这里重点介绍我国在数据安全、基础设施和个人信息保护等方面的立法情况。

在数据安全方面，2021 年 9 月 1 日正式施行的《中华人民共和国数据安全法》是我国数据领域的基础性法律，对建立健全数据安全协同治理体系，提高数据安全保障能力，促进以数据为关键要素的数字经济发展，保护个人、组织的合法权益，维护国家主权、安全和发展利益等具有重要意义。《中华人民共和国数据安全法》中重点强调要对数据安全与开发利用、数据安全政府监管与企业公民权利、数据主权与数据流通及国际合作等关系进行协调，为数据的利用、发展与保护提供了重要依据。《中华人民共和国数据安全法》将与《中华人民共和国网络安全法》《中华人民共和国个人信息保护法》等共同构建起我国数据监管与保障的法律体系。

在基础设施方面，2021 年 9 月 1 日起《关键信息基础设施安全保护条例》正式施行。关键信息基础设施是如今经济社会运行的神经中枢，是国家网络安全的重中之重。当前，关键信息基础设施面临的安全形势严峻，网络攻击威胁事件频发。出台该条例，建立专门保护制度，明确各方责任，有利于进一步健全关键信息基础设施安全保护法律制度体系，促使政府、机构及企业用更完善的安全防护体系保护关键信息基础设施的安全，促进行业规范发展。《关键信息基础设施安全保护条例》强化和落实了关键信息基础设施运营者主体责任，充分发挥政府及社会各方面的作用，共同保护关键信息基础设施安全。

在个人信息保护方面，由于互联网公司对个人数据的不正当使用经常发生，从而导致个人隐私安全问题备受关注。为此，欧盟制定了史上最严格的数据安全管理法规《通用数据保护条例》(简称 GDPR)；2020 年 1 月 1 日，美国加利福尼亚州号称最严厉、最全面的个人隐私保护法案《加利福尼亚消费者隐私法案》（ 简称 CCPA ）生效，规定了新的消费者权利，旨在加强消费者隐私和数据安全保护。我国在个人信息保护方面也开展了较长时间的工作，针对互联网环境下的个人信息保护，制定了《全国人民代表大会常务委员会关于加强网络信息保护的决定》《电信和互联网用户个人信息保护规定》《全国人民代表大会常务委员会关于维护互联网安全的决定》《中华人民共和国消费者权益保护法》等相关法律文件。

2016 年全国人民代表大会常务委员会通过的《中华人民共和国网络安全法》中明确了对个人信息收集、使用及保护的要求，并规定了个人对其个人信息具有更正或删除的权利。2021 年11 月 1 日起正式施行的《中华人民共和国个人信息保护法》是我国首部个人信息保护法，确立了个人信息处理与使用应遵循事先充分告知并取得个人同意这一基本原则；明确规定了个人信息处理应当采取对个人权益影响最小的方式，收集范围应当限于实现处理目的最小范围，保存期限应当为实现处理目的所必要的最短时间；规范应用程序不得过度收集个人信息、大数据杀熟及非法买卖和泄漏个人信息等；同时将国家机关的处理权限和程序纳入规制范围，为推动个人信息保护的国际社会认可和跨境数据流动提供了积极条件。

在大数据治理法律法规建设方面，国家各部委与地方相关部门也做出了很大贡献，相继出台了多种大数据治理的地方性法规，对大数据安全、分级分类管理、数据交易等工作做出了详细可行的规范。近几年国家、部委和地方出台的部分数据治理相关政策法规如表 9-1 所示。这些法规的施行，标志着我国在数据安全、关键信息基础设施安全和个人信息保护领域实现了有法可依，为相关行业的规范发展提供了重要保障。

表9-1　数据治理相关政策法规

部门	政策法规	施行时间
全国人大	中华人民共和国数据安全法	2021年
全国人大	中华人民共和国网络安全法	2017年
国务院	关键信息基础设施安全保护条例	2021年
网信办	汽车数据安全管理若干规定（试行）	2021年
工信部	工业数据分级分类指南（试行）	2020年
银保监会	中国银保监会监管数据安全管理办法（试行）	2020年
天津市网信办	天津市数据交易管理暂行办法	2022年
深圳市	深圳经济特区数据条例	2022年

9.3　大数据行业标准

数据是政府和企业核心资产的概念已经深入人心，数据资产的管理效率与收益增长显著正相关，因此数据资产的应用和管理已经成为大数据治理的主要目标。在大数据治理体系的行业层次，通过建立规范的数据应用标准，能够消除数据的不一致性，提高组织内部的数据质量，推动数据在组织间的交换共享，进一步提升数据价值，充分发挥大数据对政府及企业的业务、管理及战略决策的重要支撑作用。大数据标准化对推动我国大数据产业发展进程，加快技术与标准的相互融合，落实大数据国家战略具有重要意义。

标准化工作是国际大数据竞争与合作的重要内容之一，制定体现大数据技术特点的、完善的标准体系框架对制定高质量、体系化的大数据标准至关重要。在国际上，ISO（国际标准化组织）/IEC（国际电工委员会）、ITU-T（国际电信联盟电信标准分局）、IEEE（电气与电子工程师协会）CCSA（中国通信标准化协会）等标准化组织从 2012 年起就相继开展大数据标准化工作，发布了大数据参考架构、数据共享与使用、大数据交换、大数据安全和隐私等相关的多项大数据标准。为了积极对接 ISO/IEC 等国际标准组织，我国成立了全国信息技术标准化技术委员会大数据标准工作组和全国信息安全标准化技术委员会大数据标准工作组，负责大数据基础标准和安全标准的制定。

全国信息技术标准化技术委员会大数据标准工作组结合国内外大数据标准化情况、国内大数据技术发展现状、大数据参考架构及标准化需求，组织研究并发布了由七个类别标准组成的大数据标准体系框架。后来有专家在此基础上专门增加了大数据治理标准一项，形成相对完善的大数据标准体系（如图9-2所示），其具体类别分别为基础标准、数据标准、技术标准、平台/工具标准、管理标准、安全标准、大数据治理标准和行业应用标准。

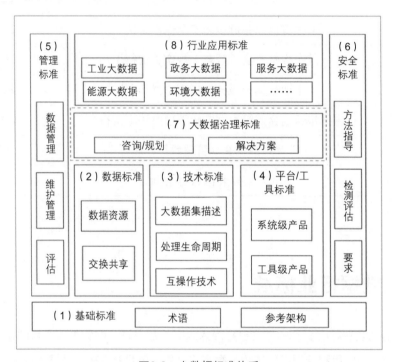

图9-2 大数据标准体系

（1）基础标准：为大数据其他部分的标准制定提供基础原则，支撑行业间对大数据的理解达成一致，主要包括术语、参考架构。

（2）数据标准：主要对底层数据相关要素进行规范，包括数据资源和交换共享两类。

（3）技术标准：主要针对大数据集描述、大数据处理生命周期、大数据互操作技术等进行规范。

（4）平台/工具标准：主要针对大数据相关平台及工具产品进行规范，包括大数据系统级产品和工具级产品。

（5）管理标准：贯穿于数据生命周期的各个阶段，是大数据实现高效采集、分析、应用、服务的重要支撑。该类标准主要包括数据管理、运维管理和评估标准等。

（6）安全标准：数据安全和隐私标准同样贯穿于整个数据生命周期，主要包括方法指导、检测评估、要求等部分。

（7）大数据治理标准：主要包括咨询/规划标准和解决方案标准两部分，咨询/规划标准主要对大数据治理的路径规划、评估咨询等活动进行规范，解决方案标准则对与大数据治理相关的解决方案及产品进行规范。

（8）行业应用标准：主要为通用领域应用及工业大数据、政务大数据、能源大数据、环境大数据等垂直领域应用提供标准规范。

截至 2020 年，全国信息技术标准化技术委员会大数据标准工作组已开展 33 项大数据国家标准的制定工作，其中已发布国家标准 24 项；全国信息技术标准化技术委员会大数据标准工作组已开展 8 项大数据安全领域国家标准制定工作，其中 6 项国家标准已发布。另外，基于大数据产业发展区域特点，全国各地区纷纷成立了地方性的大数据标准化技术委员会，逐步开展面向政务、农业、气象等行业的大数据地方标准制定工作，服务当地大数据产业发展。现选择几个国内自主研制、已经施行的重要大数据标准介绍如下。

《信息技术 大数据 技术参考模型》（GB/T 35589—2017）规范了大数据的基础通用模型，包括大数据角色、活动、主要组件及其之间的关系，适用于理解大数据领域的复杂操作，是讨论需求、结构和操作的有效工具，并为大数据系列标准的制定提供了架构依据。《数据管理能力成熟度评估模型》（GB/T 36073—2018）给出了数据管理能力成熟度评估模型以及相应的成熟度等级，该标准将数据管理能力划分为数据战略、数据治理、数据架构、数据应用、数据安全、数据质量管理、数据标准、数据生命周期管理八个关键过程域，描述了每个过程域的建设目标和度量标准，可以作为数据管理工作的参考模型。该标准为我国产业数据管理能力的整体摸底及提升提供了重要基础。《信息技术 大数据 大数据系统基本要求》（GB/T 38673—2020）主要对大数据系统的功能要求及非功能要求进行了规范，可作为大数据系统设计、选型、验收、检测的依据。该标准对华为、阿里巴巴、百分点、海康威视等企业的大数据系统产品进行了多次试验验证，可以很好地帮助企业完善相关大数据产品功能。另外，基于该标准了成立国家大数据系统产品质量监督检验中心，主要针对大数据系统产品进行标准符合性测试。《信息技术 大数据 政务数据开放共享》系列标准有 4 部组成，对我国政务数据的开放共享提出了整体要求及具体指导意见，为相关机构开展开放共享工程规划、建设、验收和运营活动提供了依据。

相关标准和规范在大数据安全保护中也发挥着重要作用。2020 年正式实施的《信息安全技术 个人信息安全规范》（GB/T 35273—2020）中包含个人信息安全的基本原则，个人信息收集、保存和使用流程及个人信息安全事件处置和组织管理要求等，为个人信息保护提供了重要保障。后来该标准又增加和修改了"用户画像的使用限制"相关内容，这表明我国个人信息保护制度及实践操作规则正在不断完善。

9.4 大数据治理内容

数据作为生产要素和企业资产已经得到了社会的广泛认可，大数据作为新兴技术给经济发展带来了强大的驱动力，在企业和政府数字化转型中具有重要地位。只有做好数据基础管理与机制保障，才能有效提升数据资源的质量，充分发挥数据资源的价值。大数据治理的基础管理主要反映在组织层面，主要包括保障机制和数据管理两个方面的内容。

在保障机制方面，数据治理需要从企业整体出发，建立专门的数据管理组织部门，同时明确组织的管理职责，制定具体的数据管理制度和管理流程，推进相关政策的落地，监督元数据、数据标准和数据质量等具体管理规定有效实施，提升企业数据资产的价值转化，保障企业业务战略和数据战略的实现。

在数据管理方面，根据如图9-1所示的大数据治理体系框架，大数据企业或组织应重点关注以下几个方面。

（1）元数据：元数据反映了数据的交易、事件、对象和关系，是数据的逻辑和物理结构、企业所使用的技术和业务流程、数据规则和约束的相关信息。元数据主要包括技术元数据、管理元数据、业务元数据。由于元数据承接企业数据标准和规范，决定数据架构满足业务需求的路径，因此元数据管理成为数据治理的关键，是企业数据治理能力的体现。元数据管理计划的失败，会导致数据子集孤立、数据质量差和无法访问关键信息等问题。因此，应注重收集和管理企业的元数据信息，同时以适当的工具和流程建立企业级的数据地图，确保整个企业数据的可追踪性。

（2）主数据：国家标准《数据管理能力成熟度评估模型》（GB/T 36073—2018）将主数据定义为组织中需要跨系统、跨部门进行共享的核心业务实体数据。主数据管理是把企业的多个业务系统中最核心、最需共享的数据进行整合，集中进行数据的清洗和标准化，并且以集成服务的方式把统一的、完整的、具有代表性的数据分发给需要使用这些数据的应用系统。主数据管理需要准确识别企业的主数据，并建立主数据管理机制和平台，确保主数据在企业内部的准确性和一致性，为企业的主数据建立统一的视图。

（3）数据架构：大数据在信息技术环境中进行存储、使用及管理的逻辑架构或物理架构。它根据组织的业务需求及硬件环境，由大数据架构师或设计师创建大数据解决方案，从逻辑上定义了大数据的存储方案、核心组件、信息流管理和使用的安全措施。大数据架构主要包括数据来源、大数据存储、大数据分析等层次，提供了满足企业业务需求的存储方案、分析工具等内容。

（4）数据标准：对数据的定义、表达、格式及编码的一致约定，是由数据的管理制度、管控流程和技术工具共同组成的规范体系。制定数据标准的目的是使组织内外部使用和交换的数据是一致的、准确的。政府层面会有国家或地方发布的数据标准管理办法，其中会详细规定相关的数据标准。对企业来说，由于企业数据来源丰富，外部监控和内部控制标准不尽相同，因此需要结合企业实际，针对企业核心数据建立目标明确的数据标准，充分考虑标准实施的难度，制定切实可行的落地措施，持续提高相关组织的管理水平，支撑企业数据质量、主数据管理及数据分析等需要。

（5）数据质量：大数据产生速度快、种类繁多、生命周期长，在收集、存储、传输和计算过程中难免出现错误，使用过程中的一致性难以得到保证，因此需要对数据质量进行管理。高质量的数据是进行数据分析和数据使用的前提，实际中可以通过以下几个方面提升大数据质量：①构建数据质量管理的流程体系和操作规范，规范问题处理的机制和步骤，提升数据质量；②准确识别企业的数据质量问题，进行数据准确性、完整性、一致性、唯一性和时效性等全方位的评估，对发现的数据质量问题及时改进；③持续监控数据质量问题，提供系统报警机制，对超出规则阈值的数据问题进行分级告警和通知，确保企业数据质量持续提升。

（6）生命周期：数据从产生到销毁的生命周期，具体可分为数据捕获、数据维护、数据合成、数据利用、数据发布、数据归档、数据清除等。不同于传统数据生命周期管理只注重节约数据的保存成本，大数据时代的数据生命周期管理更注重在成本可控的情况下有效地管理和使用数据，从而创造出更大的价值。因此，大数据管理面临着数据量巨大、数据更新快、数据一致性差等挑战。

（7）数据安全：大数据作为新兴技术，在快速发展的同时也带来了数据安全和个人隐私等问题，若不能很好地进行数据安全保护，将对企业和个人造成不可估量的损失，因此大数据的安全采集和使用一直是行业关注和竞争的要点。在加快大数据开放共享的同时，可以考虑从以下几个方面解决大数据安全和隐私问题：①定义和识别敏感数据，在元数据库中进行标记、分级和分类；②在收集、存储和使用个人数据时，需要严格执行当地隐私方面的法律法规，并制定合理的数据保留和处理政策；③存储和使用敏感数据时，需要进行脱敏、加密和反识别等处理；④为了确保数据资产的安全性，需要建立相应的数据访问策略并加强权限管理，访问和使用数据时应进行认证、授权和审计等管理，杜绝非授权访问，防止特权用户访问敏感数据。

（8）服务与应用：在数字经济迅猛发展的今天，数据的开放共享和流动成为趋势，大数据服务和创新应用也将激发出强大的生产力。大数据经过十几年的发展，目前数据的数量已经不是企业竞争的核心，进行多种数据之间的融合分析与挖掘利用才是大数据价值的最终体现，因此加强数据服务和大数据的创新应用将成为企业竞争的关键因素。数据的服务和创新应用需要做好以下三个方面：①进行数据分析、统计、挖掘和可视化等数据业务的创新，从而发现数据应用中新的规律和方法；②对数据的价值链、关联接口和业务要素等进行分析，发现新的业务需求和特色应用，从而提供准确周到的数据服务；③对数据处理的自动化、智能化过程进行创新，更有利于对数据进行更深层次的分析和解读。

在数据治理流程中，评估和审计是大数据治理必不可少的重要环节。合理的评估机制可以帮助我们了解企业当前的大数据治理状态和方向，能够帮助企业更好地经营和决策，从而实现数据价值的最大化。目前，大数据治理的主要工作集中在企业大数据治理和行业大数据治理领域，世界各国通常使用数据管理能力成熟度模型评估组织或企业的大数据治理水平。2010 年 9月，IBM 发布的《IBM 数据治理统一流程》描述了企业进行大数据治理工作的必要和非必要步骤，指导企业推动大数据治理的实施。2015 年 2 月，EDM Council（数据管理和分析的跨行业协会的企业数据管理协会）基于众多实际案例的经验编写并发布了数据管理能力评估模型（Data Management Capability Maturity Assessment Model，DCAM），定义了数据能力成熟度评估涉及的能力范围和评估准则，从战略、组织、技术和操作的最佳实践等方面描述了如何成功地进行大数据管理。

在借鉴国际理论经验的基础上，我国结合自身实际探索大数据治理的模型和方法。2018 年国家标准《数据管理能力成熟度评估模型》（GB/T 36073—2018）正式发布。该标准给出了数据管理能力成熟度评估模型，将组织的大数据治理能力划分为初始级、受管理级、稳健级、量化管理级和优化级共 5 个发展等级，帮助组织进行大数据管理能力成熟度的评价。该标准在浙江移动、天津天臣等单位进行了充分验证。该标准发布后，在电力、通信、金融等行业进行了广泛的推广宣传及试点应用，为我国各行业的有关单位开展大数据管理、大数据治理提供了重要依据，为我国产业数据治理能力的整体提升提供了重要基础。

数据管理能力成熟度评估模型各等级的主要特征如下。

（1）初始级：组织没有意识到数据的重要性，没有统一的数据管理流程，存在大量的数据孤岛和繁重的人工维护，主要是被动式的管理。

（2）受管理级：组织已经意识到数据是资产，根据管理策略的要求制定了管理流程，指定了相关人员进行初步管理。

（3）稳健级：数据已经被当作实现组织绩效目标的重要资产，在组织层面制定了系列标准化管理流程，数据的管理者可以快速满足跨多个业务系统的、准确的、一致的数据要求，有详细的数据需求响应处理规范和流程。

（4）量化管理级：数据被认为是获取竞争优势的重要资源，组织认识到数据在流程优化、工作效率提升等方面的作用，数据管理的效率能够进行量化分析和监控。

（5）优化级：数据被认为是组织生存的基础，相关管理流程能够实时优化，能够在行业内进行最佳实践的分享。

大数据治理的审计是第三方对大数据治理过程进行综合检查、监督和评价，并给出详细的、有价值的审计意见，提高大数据治理的规范性，进一步提升大数据的利用价值，为企业发展的战略决策提供可靠的依据。大数据的审计内容主要包括数据一致性的审计、数据风险的审计、数据安全与隐私的审计、数据处理过程的审计、数据质量的审计和数据生命周期的审计等。大数据治理审计不仅可以提高大数据治理的水平，能从更全面的视角了解大数据治理的整体情况，还可以让企业更好地应对数据治理过程中的风险，帮助企业满足各种监管的要求。

在大数据治理的具体实现方面，目前有不少专业的开源组件可供使用，如 Apache Falcon、Apache Atlas、Apache Ranger 与 Apache Sentry 等。其中，Apache Falcon 是 Hadoop 环境下的大数据生命周期管理框架，它提供了数据迁移、数据流水线编排、生命周期管理和数据探索等功能；Apache Atlas 是元数据管理和治理的重要框架，能为数据分析和数据治理提供高质量的元数据；Apache Ranger 是基于 Hadoop 平台的大数据安全认证管理框架，它可以对 HDFS、YARN、Hive、Hbase 等进行细粒度的数据访问控制；Apache Sentry 是 Cloudera 公司发布的高度模块化的权限控制开源组件，提供了细粒度、基于角色的授权管理模式，可以在 Hadoop 平台使用更加简洁的方法有效完成复杂的文件保护工作。关于这些组件的部署和使用，读者可以参考其官方文档，这里不做详细介绍。

9.5 大数据伦理风险

大数据的发展与应用给我们的生活和生产方式带来了极大变革，也必然会给现有伦理准则和社会秩序带来巨大冲击。大数据伦理风险既有直观的短期风险，如数据安全、隐私保护、算法歧视与滥用等，也有相对间接的长期风险，如数据产权、数据垄断及劳动就业等。尽管短期风险涉及个人利益，目前已经受到广泛关注，但是长期风险带来的社会影响会更加深远，同样应该引起政府、组织及行业研究人员的重视。大数据发展过程中，除遵循现有的政策、法律和行业标准外，还应该尽早思考可能发生的伦理风险，积极寻求合适的伦理问题应对策略。

大数据伦理是指在大数据技术产生和使用过程中，处理人与人、人与自然、人与社会关系应遵循的规则。从伦理的角度来说，大数据作为一种新兴技术，它本身是无所谓好坏的，而它的"善"与"恶"很大程度上取决于大数据企业和使用者的目的和动机。关于大数据伦理问题的讨论，看似人人都有自己的观点，但其在科技行业内部是一个"不受待见"的议题。其原因在于无论国内还是国外，关于公共议题的伦理评价都是关乎黑白、对错的明确评判。在这样的背景下，如果某个企业提供的产品和服务涉嫌不合乎伦理，必然会产生巨大的舆论风暴和信任危机，造成难以估量的经济损失。近年来，人们在讨论大数据和人工智能伦理问题时，逐渐采用"可信赖大数据"或"可信赖人工智能"的说法，与伦理问题的非黑即白相比，从技术上来说，"可信赖"是可以用程度来描述的，人们更容易接受某种产品和服务比另一种更可信赖。

当前，大数据技术带来的伦理风险主要包括以下几方面。

（1）隐私保护问题。大数据和人工智能技术的应用，极大地扩展了个人隐私信息收集的场景、范围和数量。例如，家用机器人、智能冰箱、智能音箱等各种智能设备随时随地收集人们的生活习惯、消费偏好、语音交互、视频影像等信息；智能手机上的各类应用程序在为用户提供便捷服务的同时，也在全方位地获取用户的浏览、搜索、位置、行程、邮件、语音交互等信息；支持面部识别的监控摄像头可以在公共场合且个人毫不知情的情况下识别个人身份并实现对个人的持续跟踪。在大数据时代，个人隐私数据的获取方式更多、成本更低，隐私信息被二次利用和贩卖的风险也更大，因此需要规范企业和组织对个人信息的收集、存储和使用。

（2）信息安全问题。人们对现实生活和网络生活中产生的隐私数据拥有删除权、存储权、使用权、知情权等权利，但在很多情况下这些权利难以保障。有些信息技术本身就存在安全漏洞，可能导致数据泄露等问题，从而影响信息安全。例如，个人电话和电子邮件的泄漏会使用户受到诈骗电话和垃圾邮件的骚扰，给个人工作和生活带来很多麻烦；个人信息的泄漏也会给用户的银行账户、网络支付等财产安全造成很大影响。2018年8月，国内多个连锁酒店顾客信息泄露，不但让消费者对企业丧失信任，也给企业声誉和市场价值造成了影响。近年来，基于DeepFake等深度伪造技术衍生出了Faceswap、DeepNude等一系列AI换脸、AI脱衣等应用，其中生成的虚假人脸图像和视频足以达到以假乱真的地步，AI换脸背后会涉及隐私、版权、伦理等诸多问题。2020年美国总统大选期间，网络上出现了很多伪造的特朗普演讲视频，通过发布"假视频"，形成混淆视听的"假证据"，从而使大众相信了"假事实"，给正常的社会秩序造成了不良影响。

（3）数据歧视问题。由于人们在算法设计、数据选择过程中可能会有意无意地存在某种偏见，从而导致算法执行和系统决策时产生歧视性的结果。例如，电商公司根据用户性别年龄、地理位置、浏览记录、消费习惯等对用户进行精准画像，通过智能算法或机器学习模型将同样的商品或服务对不同的用户或群体显示不同的价格，形成价格歧视。人工智能系统在进行决策的过程中，往往依赖大量的输入数据训练智能算法，数据分布、数据质量和数据选择等偏差都将影响算法结果的准确度，从而导致算法的输出结果可能带有偏见或歧视。例如，进行算法建模时往往倾向于使用更容易获得的数据，如果对居民贫困水平进行评估时，采用的富人数据多于穷人，城市居民数据多于偏远地区居民数据，这种数据分布的偏差就会影响社会组成及贫富水平的估计结果，进而影响国家脱贫攻坚计划的决策和实施。谷歌公司为了便于图片的分类和搜索，曾在图片自动识别和加注标签过程中，因数据和算法原因将纽约布鲁克林的一位程序员和其女性朋友的自拍照打上了Gorillas的标签，这让谷歌公司饱受种族歧视的批评。事实上，没有哪家公司会主动开发贴着种族主义标签的系统，但是如果机器学习的内容本身就是带有偏见的数据，那么机器学得的模型用于完成智能决策时的决策判断也必然会受这种偏见的影响。

（4）数据垄断问题。随着数字经济的发展，企业在经营和决策过程中越来越依赖数据和算法，这使得企业掌握的数据量越多，越有利于发挥数据的作用，形成了大数据时代的"唯数据主义"。一方面，一些企业凭借先发展起来的行业优势，拥有强大的数据攫取和分析能力，打破了企业竞争的平衡态势；另一方面，具有市场支配地位的平台或企业以大数据作为主要竞争手段，通过不断优化的算法和超强的学习能力削弱甚至消除市场竞争，商家在达到自身利益最大化时，不免会损害消费者的利益，甚至给国家安全带来冲击。近年来，很多用户遇到的大数据杀熟、大数据精准营销等问题都属于这样的情况。另外，数据和算法可能导致人们对其过分依赖，进而产生数据鸿沟、社会割裂等伦理问题。一部分人能够较好占有并利用大数据资源，而另一部分人则难以占有和利用大数据资源，这势必会产生信息不对称及数据红利分配不公问题，加剧群体差异和社会矛盾。大数据分析算法根据个人信息进行用户画像，推测用户偏好及消费能力，一旦被算法判定为某个群体，用户获得的新闻信息、商品广告、企业服务等都将被算法预设的身份所限制，导致用户只能看到自己"希望看到的"信息，原本受教育水平低、生活贫穷的弱势群体得到优质资源推荐的可能性会变小，改变自身阶层和命运的机会也更加渺茫。

面对大数据技术带来的风险挑战，可能的应对策略如下。

（1）加强技术创新发展，提高数据安全管理水平。对于大数据技术带来的数据安全与伦理问题，最有效的手段是充分利用相关技术。当前不少产品和技术采用了数据变换、多方安全计算和联邦学习等方法，以及数据审计识别和管控技术等保护数据隐私和信息安全。例如，通过大数据分析平台对数据进行审计识别，然后对这些数据设置授权范围，只有获得授权的人才可以查看相关信息。北京云从科技有限公司采用的联邦学习技术能在不收集用户数据的条件下进行人脸识别模型的训练，隐私数据存放在用户设备或私有云上，中央服务器与用户设备只进行编码后的模型参数传递，从而更好地保护用户隐私信息。

（2）建立健全监管机制，落实大数据治理的主体责任。大数据的伦理问题不仅是技术问题，更是涉及社会、经济、文化的系统性问题。因此，应从大数据技术产生、应用和发展的系统环境中寻找解决伦理问题的方法，由此发展出一整套适合大数据时代的伦理和政策法规。首先，应进一步完善大数据发展战略，明确规定大数据产业生态环境建设、大数据技术发展目标及大数据核心技术突破等内容；其次，逐步完善数据信息分类保护的法律规范，明确数据挖掘、存储、传输、发布及二次利用等环节的权责关系，特别是强化个人隐私保护。另外，还需要加强个体、行业和国家机构在大数据伦理治理方面的主体责任。作为数据权属的个体，必须增强数据安全和隐私保护意识，养成良好的数据管理习惯；企业和行业也应不断规范大数据技术应用的标准、流程和方法，严厉打击过度和非法采集个人信息；在数据保护和跨境数据流通问题上，加强国际沟通与协调，构建跨区域、跨国家的大数据治理体系。

（3）培养开放共享理念，加强伦理教育和政策引导。在大数据时代，人们经常通过发布朋友圈、视频直播等方式主动将个人数据传到网络空间，这说明大家的隐私观念正悄然发生变化，对大数据开放共享价值趋于认同。因此，可以适时调整传统隐私观念和隐私领域认知，培养开放共享的理念，使人们的价值理念更契合大数据技术发展的文化环境，实现更加有效的隐私保护。另外，随着知识生产和技术生产的范式转变，数据伦理问题已经成为社会治理的重要组成部分，因此需要学校、企业和行业协会加强对大数据从业人员的伦理培训，提高他们的道德敏感度和社会责任感。政府的各级部门也要通过相关的政策引导企业在创新过程中坚持符合伦理的价值导向，避免企业利用数据垄断地位损害消费者和社会大众的利益。

9.6 本章小结

大数据治理是提升数据质量、推动数据共享、强化数据安全保障、盘活数据资源价值的重要手段。本章系统介绍了大数据的治理体系，首先从国家、行业和组织三个层次上分析了大数据治理体系建设的基本内容；接着介绍了国内法律法规和行业标准的建设与实施情况，对大数据治理内容及治理能力成熟度评估模型等进行了介绍；最后分析了大数据应用可能带来的伦理风险及应对策略。在发展和应用大数据技术的同时，需要将大数据治理纳入社会治理框架，促进大数据在遵循开放共享、隐私保护和伦理准则的情况下规范和高效使用，推动大数据技术健康发展。

9.7 习题

1. 从狭义和广义角度对比分析大数据治理的概念。
2. 阐述大数据治理体系建设的主要思想及各层次要完成的主要工作。
3. 简述法律政策和行业标准在大数据治理中的作用。
4. 大数据伦理的主要表现是什么？结合实际案例进行分析说明。
5. 谈谈大数据治理中个人隐私数据该如何保护。

主要参考文献

[1] 张尧学，胡春明. 大数据导论 [M]. 北京：机械工业出版社，2018.

[2] 梅宏. 大数据导论 [M]. 北京：高等教育出版社，2018.

[3] 林子雨. 大数据导论 [M]. 北京：人民邮电出版社，2020.

[4] 迈尔 - 舍恩伯格，库克耶. 大数据时代 [M]. 盛杨燕，周涛，译，杭州：浙江人民出版社，2013.

[5] 张玉宏. 品味大数据 [M]. 北京：北京大学出版社，2016.

[6] 武志学. 大数据导论：思维、技术与应用 [M]. 北京：人民邮电出版社，2019.

[7] 梅宏. 大数据：发展现状与未来趋势 [EB/OL]. [2019-10-30]. http://www.npc.gov.cn/npc/c30834/201910/653fc6300310412f841c90972528be67.shtml.

[8] 大数据白皮书（2020 年）[R]. 中国信息通信研究院，2020.

[9] 全国信息技术标准化技术委员会大数据标准工作组. 大数据标准化白皮书（2020 版）[R]. 中国电子技术标准化研究院，2020.

[10] 周涛，程学旗，陈宝权. CCF 大专委 2020 年大数据发展趋势预测 [J]. 大数据，2020, 6（1）：119-123.

[11] 朱晓姝，许桂秋. 大数据预处理技术 [M]. 北京：人民邮电出版社，2019.

[12] 刘攀. 大数据测试技术：数据采集、分析与测试实践 [M]. 北京：人民邮电出版社，2018.

[13] 袁燕妮. NoSQL 数据库技术 [M]. 北京：北京邮电大学出版社，2020.

[14] 秦耀. 异构存储环境的 HDFS 副本放置管理策略与检索算法研究 [D]. 成都：电子科技大学，2020.

[15] 曹晓裴. 面向分布式存储系统 Ceph 的遥感影像瓦片存储及其关键技术 [D]. 杭州：浙江大学，2020.

[16] 李立. 基于 GlusterFS 的分级云存储系统设计与实现 [D]. 长沙：国防科技大学，2017.

[17] 胡华俊. 分布式文件系统 Glusterfs 架构以及性能优化的研究 [D]. 成都：电子科技大学，2017.

[18] 冷志强. 基于分布式文件系统 GlusterFS 的横向扩展云存储的研究与实现 [D]. 上海：复旦大学，2014.

[19] 杨磊. 基于 NoSQL 的多维 Web 数据仓库框架设计与应用 [D]. 北京：中国科学院大学（工程管理与信息技术学院），2014.

[20] 李贞强，陈康，武永卫，等. 大数据处理模式：系统结构、方法以及发展趋势 [J]. 小型微型计算机系统，2015, 36（4）：641-647.

[21] 马佳文 . 云计算服务中基于 MapReduce 框架的可验证计算研究 [D]. 西安：西安电子科技大学，2019.

[22] 周志华 . 机器学习 [M]. 北京：清华大学出版社，2016.

[23] April Reeve. 大数据管理：数据集成的技术、方法与最佳实践 [M]. 余水清，潘黎萍，译 . 北京 : 机械工业出版社 , 2014.

[24] Torm White. Hadoop 权威指南：大数据的存储与分析 [M].4 版 . 王海，华东，刘喻，等，译 . 北京：清华大学出版社，2017.

[25] Mahmoud Parsian. 数据算法：Hadoop/Spark 大数据处理技巧 [M]. 苏金国，杨健康，译 . 北京：中国电力出版社 , 2016.

[26] 大数据治国战略研究课题组 . 大数据领导干部读本 [M]. 北京：人民出版社，2017.

[27] 国家工业信息安全发展研究中心 . 大数据优秀产品、服务和应用解决方案案例集（2016）[M]. 北京：电子工业出版社，2017.

[28] 马海平，于俊，吕昕，等 . Spark 机器学习进阶实战 [M]. 北京：机械工业出版社，2018.

[29] 刘晓星 . 大数据金融 [M]. 北京：清华大学出版社，2018.

[30] 赵光辉 . 大数据交通：从认知升级到应用实例 [M]. 北京：机械工业出版社，2018.

[31] 牛温佳，刘吉强，石川 . 用户网络行为画像 [M]. 北京：电子工业出版社，2016.

[32] 李伟 . 数据治理推动数字化转型 [J]. 中国金融，2020, 919（01）：42-44.

[33] 焦海洋 . 中国政府数据开放应遵循的原则探析 [J]. 图书情报工作 , 2017, 61（15）：81-88.

[34] 安宝双 . 跨境数据流动：法律规制与中国方案 [J]. 网络空间安全，2020, 11（3）：1-6.

[35] L. Wasserman. All of Statistics: A Concise Course in Statistical Inference[M]. Springer, 2010.

[36] B. BalusamyB. Big Data: concepts, technology and architecture[M]. Wiley, 2021.

[37] ArmbrustM, DasT, TorresJ, et al. Structured streaming: a declarative API for Real-Time Applications in Apache Spark[C]. Proceedings of the 2018 International Conference on Management of Data, 2018: 601-613.

[38] KornackerM, BehmA, Bittorf V, et al. Impala: a modern, open-source SQL engine for Hadoop[C]. 7th Biennial Conference on Innovative Data Systems Research(CIDR), California, USA, 2015.

[39] GhemawatS, GobioffH, LeungS. The Google file system[C]. SOSP 2003, New York, USA, 2003.

[40] TheobaldO. Machine Learning For Absolute Beginners: A plain English Introduction[M]. Independently, 2018.

[41] FrankE, HallM, WittenI H. Data mining: practical machine learning tools and techniques[M].

Morgan Kaufmann, 2016.

[42] HanJ, KamberM, PeiJ. Data mining：concepts and techniques[M]. Morgan Kaufmann, 2011.

[43] SuttonR, BartoA. Reinforcement learning: an introduction[M]. MIT Press, 2018.